“环境与健康发现之旅”系列丛书

空气与健康发现之旅

赵秀阁 李承峰 主编

中国环境出版集团·北京

图书在版编目（CIP）数据

空气与健康发现之旅 / 赵秀阁，李承峰主编. -- 北京 : 中国环境出版集团，2020.9
（环境与健康发现之旅）
ISBN 978-7-5111-4430-0

Ⅰ. ①空… Ⅱ. ①赵… ②李… Ⅲ. ①空气污染—影响—健康 Ⅳ. ① X510.31

中国版本图书馆 CIP 数据核字（2020）第 168883 号

出 版 人 武德凯
策划编辑 徐于红
责任编辑 王 菲
责任校对 任 丽
封面设计 北京点升软件有限公司

出版发行 中国环境出版集团
（100062 北京市东城区广渠门内大街 16 号）
网 址：http://www.cesp.com.cn
电子邮箱：bjgl@cesp.com.cn
联系电话：010-67112765（编辑管理部）
010-67147349（第四分社）
发行热线：010-67125803，010-67113405（传真）
印 刷 北京中科印刷有限公司
经 销 各地新华书店
版 次 2020 年 9 月第 1 版
印 次 2020 年 9 月第 1 次印刷
开 本 787 × 1092 1/32
印 张 3.125
字 数 80 千字
定 价 18.00 元

编委会

前 言

党的十八大和十八届三中、四中、五中、六中全会和习近平总书记系列重要讲话已经明确，要牢固树立创新、协调、绿色、开放、共享发展理念，把人民健康放在优先发展的战略地位，落实《环境保护法》《“健康中国 2030”规划纲要》要求，进一步夯实环境与健康工作基础，以制度建设为统领，将保障公众健康纳入环境保护政策，有效控制和减少环境污染对公众健康的损害。

依据《全国环境宣传教育工作纲要（2016—2020 年）》《中国公民环境与健康素养（试行）》《“同呼吸、共奋斗”公民行为准则》，我们充分利用现有传播技术和资源，进行相关科普读物、视频、教育读本的开发和制作，大力普及环境与健康基本理念、基本知识和基本技能。我们还要加强环境与健康舆情监测，了解社会关注热点和焦点问题，及时回应公众关切，加强科普宣传，营造科学理性的社会氛围。

在这样的背景下，中国环境科学研究院与中华环境保护基金会共同组织编写面向大众的环境与健康科普丛书，具体涉及空气、水、土壤、生态、海洋、城市环境、农村环境等领域，针对不同受众群体特点，用心编写图书内容、精心设计图书装帧风格，打造出适应当前传播途径的多种文化产品，共同开展进企业、进校园、进社区的专项活动，确保各类群体的环境与健康意识、知识、方法和能力均得到有效的提升，从而推动全民健康，共建美丽家园和健康中国。

本套丛书采用问答的形式，选取人们身边常见的和关注的环境与健康问题，由专家为大家解疑答惑。丛书通俗易懂、图文并茂。语言上更活泼、更符合现代阅读习惯；配图比例适当，色彩更加丰富；对排版设计要求高，通过不同的字体、颜色等增加阅读趣味性。

在编撰过程中，作者参考了部分图书和网络资源，在此一并致谢。受水平所限，书中不足之处在所难免，恳请广大读者批评指正。

作者

2020.5

目录

悬浮颗粒

化学物质

放射性物质

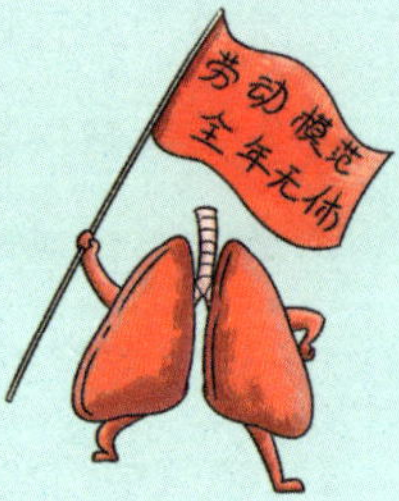
劳动模范
全年无休

刷~
刷~
刷~

一

看见空气

1 气从何来

原始大气阶段

大约在50亿年前，大气伴随着地球的诞生就神秘地“出世”了。也就是法国科学家拉普拉斯所说的星云开始凝聚时，地球周围就已经包围了大量的气体。原始大气的主要成分是氢和氦。当地球形成以后，地球内部放射性物质的衰变，引起能量的转换。这种转换对于地球大气的维持和消亡都是有作用的，再加上太阳风的强烈作用和地球刚形成时的引力较小，原始大气很快就消失了。

次生大气阶段

地球诞生以后，由于温度的下降，地球表面发生冷凝现象，而地球内部的高温又促使火山频繁活动，火山爆发时所形成的挥发气体，就逐渐代替了原始大气，形成次生大气。次生大气的主要成分是二氧化碳、甲烷、氮气、硫化氢和氨等一些分子量比较大的气体。这些气体和地球的固体物质之间，互相吸引、互相依存。气体没有被地球偌大的离心力所抛弃，而成为次生大气，地球也就进入了次生大气阶段。

今日大气阶段

随着太阳辐射不断地向地球表面传递能量，光波比较短的紫外线刺激了光合作用的出现，使地球上的次生大气中生成了氧气，而且氧气的含量不断地增加。有了氧气，就为地球上生命的出现提供了极为有利的“温床”。经过几十亿万年的分解、同化和演变，生命终于在地球这个襁褓中诞生了。原始的单细胞生命，在大气所织成的“摇篮”中，不断地演变、进化，终于有了今天主宰世界文明的高级人类。大气也理所应当成为我们这个美丽星球重要的组成部分。

2 为什么看不见空气

生活中，我们明明看到的是空且密封的塑料瓶，却怎么也踩不扁；空且密封的塑料袋捏上去也很硬。更不可思议的是，将空的水杯杯口朝下放进水里，没有水进到杯中，而杯子倾斜时，则会不断地有气泡冒出，之后才有水进入。这时我们才发现，原来这些都是空气制造的“假象”——它无处不在，却从未现身。实际上，空气并非故意躲着我们不出来，而是它的形态和成分决定了这种“潜伏”现象。通常，物质有三种形态：固态、液态和气态。当物质呈现固态时，分子间的排列有序而紧密，因此能阻碍光线的通过，让光的颜色或阴影停留在物体上，从而被我们的视觉感知到。当物质由固态向液态和气态转化时，分子开始松散并随机排列，尤其是呈现气态的物质，分子排列更为松散。这就使得绝大部分光线从气体分子间的空隙穿过，而无法被我们的眼睛捕捉到，空气因此呈现出透明状态。

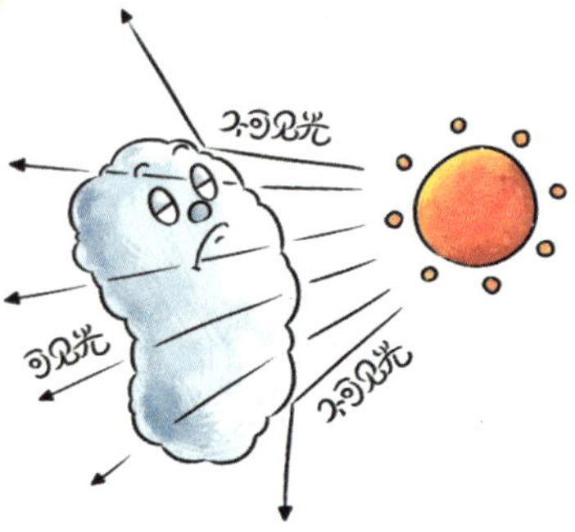

光在空气中传播时，仍有一小部分会被空气吸收或阻挡。例如，二氧化碳可以吸收红外线长波辐射，臭氧可以吸收紫外线短波辐射，但空气中的气体只能阻碍波长在380纳米以下或760纳米以上的不可见光。也就是说，虽然有了让光线显形的条件，但它们本身并不能被人的肉眼看到。于是，那些波长在400~700纳米的可见光继续在空气中无阻碍地穿梭，不留下一个“背影”。所以，对我们来说，空气仍然看不见。

3 空气有多重

在一个标准大气压下，每立方米空气所具有的质量（千克）就是空气密度。空气的密度大小与气温、海拔等因素有关，海拔越高密度越低，我们一般采用的空气密度是指在0℃、1个标准大气压下，干空气的密度为每立方米1.293千克。通常情况下，即20℃时，空气密度取每立方米1.205千克。

之所以感觉不到空气的重量，是因为空气的密度远远低于我们身边的其他物质，你所能接触到的空气的重量是很小很小的，小到以人类的触觉灵敏度无法感受到的程度。

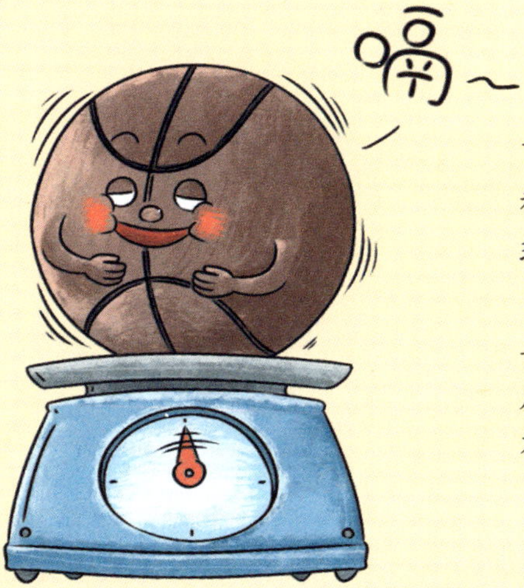

那如何验证空气是有质量的呢？下面介绍几种特别简单的办法。第一种方法用天平测出一只没有充气的篮球的质量，然后充气至特别足的程度（使天平的示数有较显著的变化），再用天平测出质量。通过比较充气前后的篮球质量，你就可以得出“空气有质量”的结论。

第二种方法所需要的材料如下：线、气球、一根织毛线的针或筷子、剪刀。首先，用线捆在针或筷子的中间，然后吹起两个气球，再将两个气球用线吊在针或筷子的两侧。调节吊线的位置，直到平衡。

用剪刀在其中一个气球吹气口附近剪一个小口，当气球的气放完后再松开。我们会发现这个杠杆不再平衡了。它会向没有放气的气球那一端倾斜。

地球大气层的总质量约为5.5亿吨，约占地球总质量的百万分之一。地球的大气层从海洋、陆地和冰层覆盖的表面向外延伸到太空，并且它的密度离地表越近则越大，因为地球的引力将气体和气溶胶（尘埃、烟尘、烟雾或化学物质的微小悬浮颗粒）拉向地表。在海平面上，空气较重，因为空气分子紧密地排列在一起，被来自上方的空气的重量压缩。然而，随着海拔升高，空气分子扩散得更远，空气变得更轻。

千变万化的地球大气 4

从宇宙空间看地球，在地球外部包围着一层“美丽”而又千变万化的气体，总称为大气或大气层，其主要成分是氮气和氧气，占大气的99%以上。此外，大气中还有少量的稀有气体、二氧化碳和水蒸气等。

包围地球的大气，其温度随高度变化。依照温度梯度划分大气垂直结构，接近地表面的是对流层，其上依次是平流层、中间层、热层和散逸层。散逸层大气是大气的最外圈，越向外越稀薄，和外太空没有明显界限。大气受地球引力环绕在地球周围，离地表越近，空气密度越高，大约90%的空气聚集在离地表30千米范围内。与地球半径6370千米相比，大气只是薄薄一层而已。大气层以地球的水陆表面为其下界，称为大气层的下垫面。

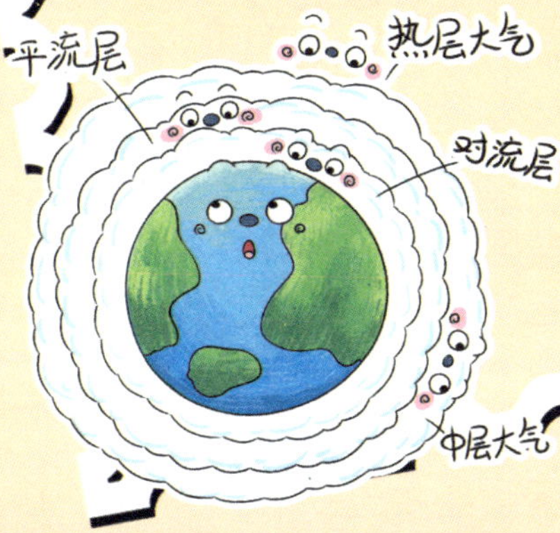

5 空气中有哪些物质

空气是指地球大气层中的气体混合，因此空气属于混合物，它主要由氮气、氧气、稀有气体（氦、氖、氩、氪、氙、氡）、二氧化碳以及其他物质（如水蒸气、杂质等）组合而成。其中氮气的体积分数约为78%，氧气的体积分数约为21%，稀有气体的体积分数约为0.934%，二氧化碳的体积分数约为0.04%（2017年数据），其他物质的体积分数约为0.026%。空气的成分不是固定的，随着高度、气压的改变，空气的组成比例也会改变。但是长期以来人们一直认为空气是一种单一的物质，直到后来法国科学家拉瓦锡通过实验首先得出了空气是由氧气和氮气组成的结论。19世纪末，科学家们又通过大量的实验发现，空气里还有氦、氩、氙等稀有气体。

什么是大气污染 6

人类的生产和生活或自然活动所产生的各种污染物排入大气，当其积累到一定量，超过大气的自净能力，从而对人体健康或对动植物及建筑物、物品、气候等造成直接或间接影响和危害的现象，我们称其为大气污染。

大气中的污染物主要分为两类：有害气体和颗粒物。

有害气体主要有二氧化硫、氮氧化物、一氧化碳、碳氢化合物、臭氧等；颗粒物主要指粉尘和酸雾、气溶胶等。

这些污染物主要来源于煤和石油等燃料的燃烧、工业生产和汽车尾气的排放，道路交通、建筑施工、垃圾清运等产生的扬尘也是颗粒物的重要来源。某些污染物在大气中发生化学反应，还会产生新的污染物，造成二次污染。

引起大气污染的主要污染物与能源结构、工业结构有很大关系。一般来说，燃煤产生的污染物主要是烟尘和二氧化硫；燃油产生的污染物主要是二氧化硫和氮氧化物；汽车主要排放一氧化碳、氮氧化物和碳氢化合物；工业生产过程不同的行业，排放各种不同的无机和有机气体及有毒金属粉尘等。

我国的大气污染类型主要是燃煤型污染，随着机动车数量的不断增加，一些大城市已经从燃煤型污染转向燃煤和汽车排放复合型污染。

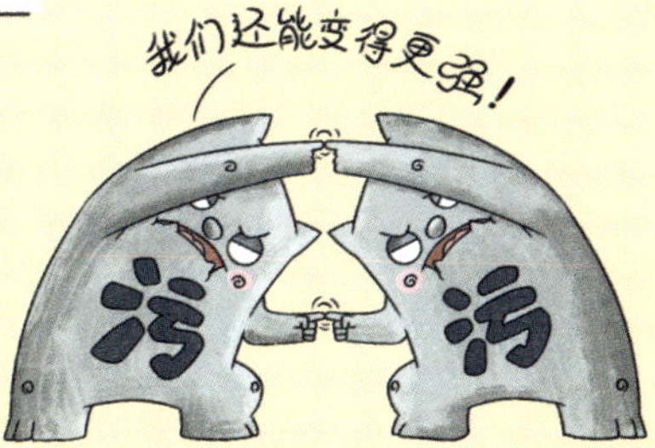

7 大气污染有哪些危害

大量污染物进入大气，改变了大气原来的组成成分，当超过大气的自净能力造成大气污染时，就会对环境、生态系统造成严重破坏。首先，大气污染会引起很多严重的环境问题，如全球大气中温室气体增多，就会产生温室效应，导致全球气候变暖；工业生产中释放的氯氟烃气体可严重破坏臭氧层，使之减少变薄、形成空洞从而减弱臭氧层吸收有害紫外线的能力，使地球生物受到伤害；生产、生活中释放的二氧化硫和氮氧化物使降水中酸性成分增加，形成酸雨，从而严重破坏森林生态系统、土壤生态系统和水生态系统，造成森林枯萎死亡、土壤酸化、湖泊酸化。酸雨还会腐蚀文物古迹、雕塑、建筑物、金属材料等。

大气污染还会严重影响人体健康。在低浓度空气污染物（主要有二氧化硫、氮氧化物、可吸入颗粒物和其他有害气体）的长期作用下，人体的免疫功能会降低，引起或加重上呼吸道炎症、慢性支气管炎、支气管哮喘及肺气肿等呼吸系统疾病，引起或加重冠心病、动脉硬化、高血压等心血管疾病，当前肺癌的多发与空气污染有着密切的关系。高浓度空气污染更可能引发或加重上述疾病的急性发作，甚至造成死亡。

8 空气质量指数解读

空气质量指数(Air Quality Index，AQI)，是定量描述空气质量状况的无量纲指数，是根据环境空气质量标准和各项污染物对人体健康、生态、环境的影响，将常规监测的几种空气污染物浓度简化成为单一的概念性指数值形式，它将空气污染程度和空气质量状况分级表示，适合于表示城市的短期空气质量状况和变化趋势。

空气质量指数级别分为六级，为Ⅰ级（0~50）、Ⅱ级(51~100)、Ⅲ级（101~150）、Ⅳ级（151~200）、Ⅴ级（201~300）和Ⅵ级（>300），分别对应空气质量指数类别为优、良、轻度污染、中度污染、重度污染和严重污染，在公布时分别用绿色、黄色、橙色、红色、紫色和褐红色表示，颜色越深，空气质量越差。其中，Ⅰ级(优)表示空气质量令人满意，基本无空气污染；Ⅱ级(良)表示空气质量可接受，但某些污染物可能对极少数异常敏感人群健康有较弱影响；Ⅲ级(轻度污染)表示易感人群症状有轻度加剧，健康人群出现刺激症状；Ⅳ级(中度污染)表示进一步加剧易感人群症状，可能对健康人群心脏、呼吸系统有影响；Ⅴ级(重度污染)表示心脏病和肺病患者症状显著加剧，运动耐受力降低，健康人群普遍出现症状；Ⅵ级(严重污染)表示健康人群运动耐受力降低，有明显强烈症状，提前出现某些疾病。

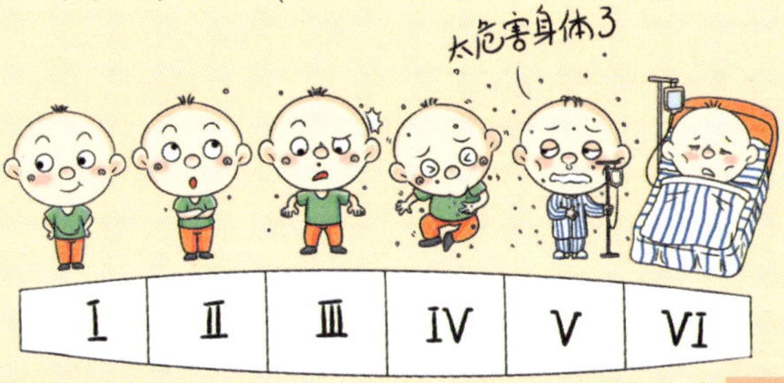

9 空气中首要污染物的确定

引起空气污染的污染物主要有：烟尘、总悬浮颗粒物（TSP）、可吸入颗粒物（PM_{10}）、细颗粒物（PM2.5）、二氧化氮（NO_2）、二氧化硫（SO_2）、一氧化碳（CO）、臭氧（O_3）、挥发性有机物（VOCs）等。目前，根据全国城市污染情况及现有技术水平而确定的，我国空气质量报告中必须监测的污染物有6项：PM_{10}、$PM_{2.5}$、SO_2、NO_2、CO和O_3。

首要污染物：AQI大于50时，IAQI最大的污染物为首要污染物。若IAQI最大的污染物为两项和两项以上时，并列为首要污染物。若IAQI大于100，则为超标污染物。

空气质量分指数（Individual Air Quality Index，IAQI）指单项污染物的空气质量指数。

10 环境空气功能区如何划分

现在许多城市都开始发布“空气质量日报”，用空气质量指数来表明空气质量，那么空气质量要求是如何进行划分的呢？

我国1982年首次发布《环境空气质量》标准，1996年第一次修订，2000年第二次修订，2012年第三次修订，2018年发布修改单。在最新标准《环境空气质量标准》（GB 3095—2012）中将有关地区按功能划分为两种类型的区域：一类区为自然保护区、风景名胜区和其他需要特殊保护的区域；二类区为居住区、商业交通居民混合区、文化区、工业区和农村地区。环境空气质量标准也分为两级，一类区适用一级浓度限值，二类区适用二级浓度限值。

衡量某个区域的空气质量需要执行几级标准主要就是看这个地方的功能区划分类型。

11 空气中污染物的来源有哪些

目前，空气污染的来源主要分为四类：工业污染、生活污染、交通运输污染和农业污染。

（1）工业污染

随着工业的迅速发展，空气污染物的种类和数量日益增多。由于工业企业的性质、规模、工艺流程、原料和产品种类等不同，其对大气污染的程度也不同。我国目前正处于大规模工业化和城市化进程中，空气污染物主要来自传统重工业，特别是一些发电厂、石油化工、金属冶炼、机械制造等行业，这些行业产生了大量的二氧化硫、烟尘和氮氧化物。此外，造成大气污染的重金属微粒和氟化物几乎全部来自工业源，而二次污染物臭氧的形成亦与工业源排出的氮氧化物和碳氢化合物相关。

（2）生活污染

在居住区，随着人口的集中，大量的民用生活炉灶和采暖锅炉也需要耗用大量的煤炭，特别在冬季采暖期间，各种锅炉烟囱都冒着烟，空气中的颗粒物含量大大增多。受污染地区往往烟雾弥漫，这也是一种不容忽视的空气污染源。室内污染源也是造成空气环境差的重要因素之一。由于居室环境通风不佳，在引入污染物或能释放有害物质的污染源后，居室内空气中的污染物无论是在数量上还是在种类上都会不断增加。

（3）交通运输污染

近年来，由于交通运输事业的飞速发展，在城市中行驶的汽车日益增多，火车、轮船、飞机等客货运输频繁，这些都给空气带来了新的污染源。其中汽车尾气的排放对空气污染影响最大，汽车尾气污染物主要包括一氧化碳、二氧化氮、碳氢化合物、二氧化硫、烟尘和重金属等。

（4）农业污染

为满足全球人口快速增长对粮食的需求，集约化农业得到了迅速发展，并导致了一系列环境问题。在农业生产中，化石燃料的燃烧、化肥等化学物质在耕作中的使用，都会释放二氧化碳、氢氧化物、硫化物和颗粒物等。这些排放物对当地和区域环境质量都有重要影响。农业排放具有一定的地域性和时间性，因不同排放过程中的媒介不同而各异。以美国为例，最重要的污染排放物为氨（农业排放量占总排放量的 90% 左右）。越来越多的证据表明，大规模和高强度的农场和集中式动物养殖场增加了恶臭物质、痕量气体（如二氧化碳等）和还原态硫化物的排放。

12 空气中的污染物都去了哪儿

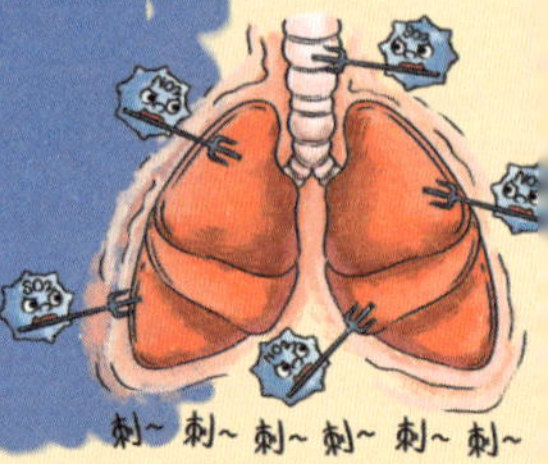

1 空气中的污染物随着人类活动的增多而不断增多，那么这些物质都跑到哪里去了呢？

一是随风从一个地方被吹到另一个地方，如果遇上静风的天气，也就是几乎没有风的天气，那么城市上空的污染物就不能被吹散，而是停留在本地上空。

二是遇上降雨或者下雪的天气，空气中的污染物随着降水落到地面，经过地表径流流入大海或者下渗到土壤中，进入土壤中的污染物有一部分被植物吸收，还有一部分就留在土壤。

三是落在城市建筑的表面，再随雨水冲刷落到地面。

四是被动植物，乃至人通过呼吸进入生命系统，危害生态平衡和人类健康。

2 可吸入颗粒物容易引起呼吸道感染、心脏病、支气管炎、哮喘、肺炎、肺气肿等疾病，影响人体健康；二氧化硫具有强烈的刺激气味，能刺激人的眼睛，损伤呼吸器官，特别是二氧化硫被氧化成三氧化硫，再与水蒸气结合，能形成稀硫酸雾，造成大片森林死亡，并能腐蚀建筑物；人体吸入一氧化碳后会使血红蛋白失去携氧能力；氮氧化物对人的呼吸道刺激更严重，并能使血色素发生硝化反应而失去生理功能，浓度大时可使人死亡，二氧化氮还能转化为硝酸雨，危害植物生长；碳氢化合物的危害是多方面的，其中有些物质被认为是致癌物。

13 光化学烟雾是什么

大气中氮氧化物和碳氢化合物受太阳紫外线作用，产生的一种具有刺激性的浅蓝色烟雾，称为光化学烟雾。光化学烟雾是二次污染物的混合体，其主要成分是臭氧。

高空的臭氧可以阻挡伤害性紫外线辐射，对地球生物来说是一层天然的保护屏障，可以使地球生物免受太阳紫外线的过度辐射。而低空的臭氧对生物，包括对人体却会造成严重的伤害。臭氧对人体的危害主要表现在对眼睛和呼吸器官具有强烈的刺激作用。吸入高浓度臭氧，可出现肺水肿、心脏活动减弱乃至死亡；长期吸入低浓度臭氧，能引起慢性呼吸道炎症。光化学烟雾还可随气流飘移数百千米，使远离城市的农作物、森林也受到损害。1943 年发生的世界八大公害事件之一的洛杉矶光化学烟雾事件曾导致洛杉矶市许多居民患病，65 岁以上老人死亡约 400 人。

光化学烟雾主要发生在阳光强烈的夏、秋季节。研究表明，在北纬60° ~南纬60° 的一些大城市，都有可能发生光化学烟雾。

汽车尾气中含有生成臭氧的母体化合物氮氧化物和碳氢化合物。目前，我国一些大中城市汽车尾气污染严重，交通道路旁臭氧浓度严重超标，具有发生光化学烟雾污染的潜在危险。

14 酸雨是什么

酸雨是指酸碱度（pH）小于5.6的酸性降水(雨、雪、雾、霜、露水)，它是由空气中的水蒸气与二氧化硫和氮氧化物等酸性污染物发生复杂的大气物理化学作用引起的。酸雨在二十世纪五六十年代最早出现于北欧及中欧，随着世界各国矿物燃料使用量不断增多，以及二氧化硫等污染物远距离跨国输送，受酸雨危害的地区范围进一步扩大，酸雨已成为当今全球性环境问题之一。

酸雨会严重破坏森林生态系统、土壤生态系统和水生生态系统，造成森林枯萎死亡，使森林面积减少；造成土壤酸化，使土壤贫瘠、农作物减产、农产品品质下降；造成湖泊酸化，使水生生态系统紊乱，影响水生生物的生长和繁殖。酸雨还会腐蚀文物古迹、雕塑、建筑物、金属材料等。

温室效应与全球变暖 15

许多人都有这种感觉：现在没有以前冷了，雪没有以前下得那么多、那么大了，小时候房檐处垂下来的粗粗、长长的冰凌再也见不到了，气候真的变暖了。

自工业文明以来，人类的生产、生活活动使用了大量的化石燃料（石油、煤、天然气等），并向大气中排放了大量的二氧化碳等温室气体。二氧化碳气体既可以高度透过太阳的短波辐射，又可以高度吸收地球反射出来的长波辐射，从而使得地球表面的大气层像一个无形的玻璃罩，让太阳辐射到地球上的热量无法向外层空间发散，产生类似温室的效应，其结果是导致全球气候变暖。除二氧化碳外，温室气体还包括氯氟烃、甲烷、低空臭氧和氮氧化物等。

全球气候变暖是当今世界面临的最严峻的挑战之一。据政府间气候变化专门委员会(IPCC)的研究报告，在过去的130年间，地表平均温度上升了0.3~0.6℃。二十世纪八十年代以来，全球气温明显上升。1981—1990年全球平均气温比100年前上升了0.48℃。全球气候变暖会造成全球气候反常、全球降水量重新分配、冰川和冻土消融、海平面上升、土地荒漠化扩大、水灾或旱灾频发、加速生物物种消失等。全球气候变暖直接威胁着自然生态系统的平衡，也威胁着人类的生存。

森林可以大量地吸收二氧化碳，所以，我们要保护好森林，同时，还应节约用电、少开汽车、植树造林等。

16 臭氧是什么

臭氧与我们熟知的氧气是“亲兄弟”，只是臭氧由三个氧原子构成，而氧气由两个氧原子构成。由于臭氧和氧气之间的平衡，大气中形成了一个较为稳定的臭氧层，这个臭氧层的高度大约在距离地面 15~25 千米处。臭氧层对太阳的紫外辐射有很强的吸收作用，有效地阻挡了紫外线对地表生物的伤害。因此可以说，臭氧层形成之后，才有了生命在地球上的生存、延续和发展，臭氧层是地表生物系统的“保护伞”。

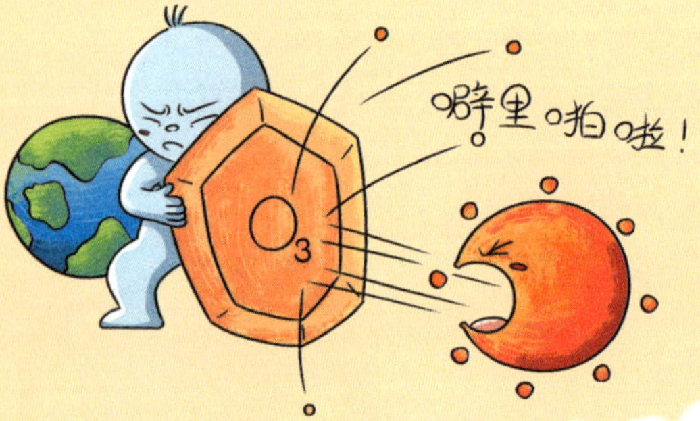

臭氧层无时无刻不在保护着地球上所有生命免遭太阳紫外线的伤害。然而，臭氧也并不是十全十美的，低空空气中的臭氧对人体有着很大的危害，因为臭氧是强氧化剂，能够刺激和破坏深呼吸道黏膜和组织，对眼睛有轻度刺激性。实验表明，当空气中臭氧浓度为 0.2~0.94 毫克 / 米^3 时对鼻和喉头黏膜有刺激作用，0.6~1.0 毫克 / 米^3 时对眼睛有刺激，1.0 毫克 / 米^3 时引起肺活量减少，1.88~18.8 毫克 / 米^3 时可导致咳嗽、胸痛、呕吐等症状，20 毫克 / 米^3 时会引起肺气肿。

臭氧层被破坏会使大量紫外线直接辐射地面，导致人类皮肤癌、白内障发病率增高，并抑制人体免疫系统功能；农作物因此而减产，品质下降；破坏海洋生态系统平衡等。

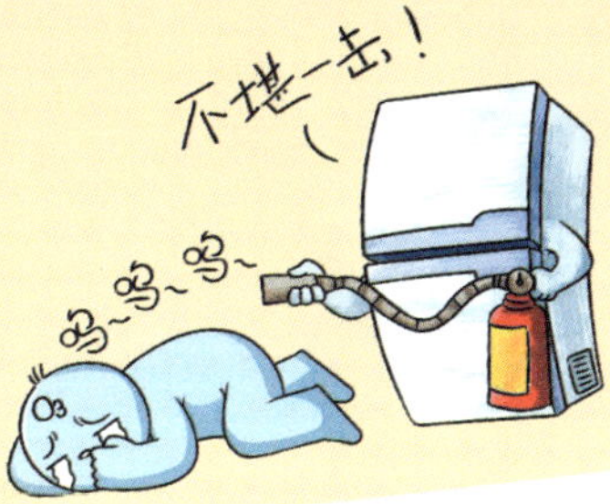

臭氧层破坏是由氯氟烃（如氟利昂）、含溴卤代烷烃（如哈龙）等气体引起的，这些化合物可以和臭氧发生反应，使臭氧迅速大量消耗。自二十世纪三十年代以来，氟利昂被广泛用于冰箱冷冻机、空调等设备的制冷剂、聚氨酯泡沫和聚乙烯/聚苯乙烯泡沫中的发泡剂、气雾剂制品中的推进剂、电子线路板、精密金属零部件等的清洗剂、烟丝的膨胀剂等，哈龙则主要用作灭火剂。

为了保护臭氧层，1985年3月22日，国际上通过了《保护臭氧层维也纳公约》，并于1988年9月22日生效。我国于1989年9月11日加入该公约。

目前，世界各国都在采取措施，逐步淘汰氟利昂和哈龙等破坏臭氧层的有害物质。联合国环境规划署（UNEP）主持并通过的《关于消耗臭氧层物质的蒙特利尔议定书》及其《议定书修正案》规定了15种氯氟烷烃、3种哈龙、40种含氢氯氟烷烃、34种含氢溴氟烷烃、四氯化碳、甲基氯仿和甲基溴为控制使用的消耗臭氧层物质。

17 扬沙、沙尘暴与浮尘

扬沙与沙尘暴都是由于本地或附近尘沙被风吹起而造成的。其共同特点是发生时空气能见度明显下降，天空混浊，一片黄色。两者大多在冷空气过境或雷雨、飑风影响时出现，北方在春季容易出现。所不同的是扬沙天气风较大，能见度在1～10千米；沙尘暴风很大，能见度小于1千米。而浮尘是由于远地或本地产生沙尘暴或扬沙后，尘沙等细粒浮游于空中而形成，俗称“落黄沙”，出现时远方物体呈土黄色，太阳呈苍白色或淡黄色，能见度小于10千米，大致出现在冷空气过境前后。除气象原因带来的浮尘以外，生产生活中煤、石油燃烧不尽也会向空气中排放大量的浮尘污染物，浮尘污染物对环境及人体健康危害很大。它们被人吸进身体后，会沉积在呼吸道各部位，其中大部分沉积在肺部。浮尘污染严重的地区，咽喉炎、支气管炎、末梢气管炎的发病率明显高于污染轻的地区。

18 什么算是“雾霾天”

（1）雾和霾的区别主要在于水分含量的大小：水分含量达到90%以上的叫雾；水分含量低于80%的叫霾；80%～90%的是雾和霾的混合物，但主要成分是霾。

（2）就能见度来区分：如果目标物的水平能见度降低到1千米以内，就是雾；水平能见度在1～10千米的，称为轻雾或霭；水平能见度小于10千米，且是灰尘颗粒造成的，就是霾或灰霾。

（3）霾是悬浮在大气中的大量微小尘粒、烟粒或盐粒的集合体，而雾是大气中悬浮的水汽凝结。能见度低于1千米时，气象学称这种天气现象为雾。雾是由悬浮在大气中微小液滴构成的气溶胶。

（4）按国际气象组织规定，使能见度降低到1千米以下的称为雾，能见度在1～10千米的称为轻雾。而霾是使空气浑浊，水平能见度降低到10千米以下的一种天气现象。雾滴的直径多为4～30微米，单位体积空气中的雾滴数一般为每立方米100～102个，含水量一般小于每立方米0.1克。浓雾中雾滴浓度每立方厘米可达500个，含水量每立方米达1克。

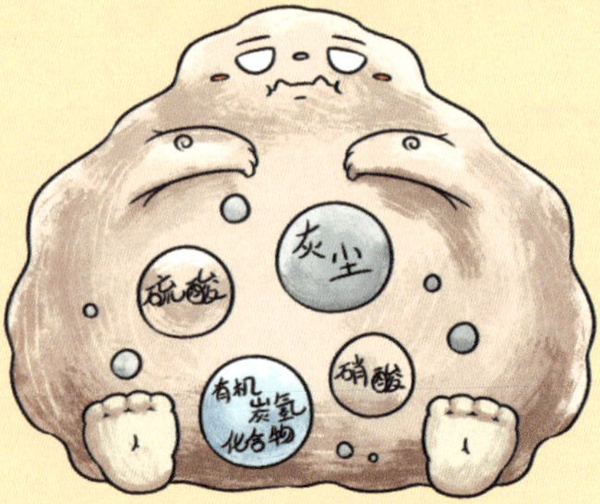

（5）霾是指原因不明的大量烟、尘等微粒悬浮而形成的混浊现象。存在于空气中的灰尘、硫酸、硝酸、碳氢化合物等粒子，会使大气混浊、视野模糊并导致能见度恶化，如果水平能见度小于10千米时，将这种非水成物组成的气溶胶系统造成的视程障碍称为霾或灰霾。组成霾的粒子极小，不能用肉眼分辨。

霾一般呈乳白色，它使物体的颜色减弱，使远处光亮物体微带黄红色，而黑暗物体微带蓝色。当大气凝结核由于各种原因变大时也能形成霾。霾主要由气溶胶组成，它可在一天中任何时候出现。雾是由悬浮在大气中微小液滴构成的气溶胶。雾使地面的水平能见度显著降低。

而灰霾又称大气棕色云，在国家气象局的《地面气象观测规范》中，灰霾天气被这样定义："大量极细微的干尘粒等均匀地浮游在空中，使水平能见度小于10千米的空气普遍有混浊现象，使远处光亮物微带黄、红色，使黑暗物微带蓝色。"

什么是“一次污染物”“二次污染物” 19

一次污染物也称原生污染物，是指由于人为活动直接或间接地排入洁净的大气和水体内的某些化学物质或生物有机体，如化学毒物、致病菌或病毒等，这些排入大气或水体后能产生污染的物质，称为一次污染物。

当某些一次污染物，在各种因素（如物理、化学、生物等）的作用与影响下，改变了原有的性质，特别是反应性较强的物质，性质很不稳定，容易发生理化或生化等反应，而产生新的污染物，即为二次污染物，其所造成的环境污染就称为二次污染。如无机汞在自然水域中转化为有剧毒的甲基汞就是二次污染物；又如含六价铬的污水，经处理生成无害的氢氧化铬，随污泥排出，在土壤中遇酸性地下水能使氢氧化铬再溶解生成三价铬，三价铬即为二次污染物；又如大气中的二氧化硫、氮氧化物和雨水混合生成的酸雨，汽车废气中的污染物（主要为氮氧化物、碳氢化合物等）受阳光照射生成的光化学烟雾等。

20 天空颜色与空气质量有关系吗

日出与日落的壮丽景象是任何一位艺术家都难以描绘的。但是很少有人知道，我们目睹的天空瑰丽壮观、瞬息万变的颜色还可以说明大气污染的不同程度。城市的落日和空气清新的乡村落日是不同的。在非常洁净、未受污染的大气中，落日的颜色特点鲜明。太阳是灿烂的黄色，同时邻近的天空呈现出橙色和黄色。当落日缓缓地消失在地平线下面时，天空的颜色逐渐从橙色变为蓝色。即使太阳消失以后，贴近地平线的云层仍会继续反射着太阳的光芒。因为天空的蓝色和云层反射的红色阳光融合在一起，所以较高天空中的薄云呈现出红紫色。几分钟后，天空充满了淡淡的蓝色，它的颜色逐渐加深，向高空延展。

但在一个高度工业化的区域，当污染物以微粒的形式悬浮在空中时，天空的颜色就截然不同了。圆圆的太阳呈现出橘红色，同时天空一片暗红。红色明暗的不同反映着污染物的厚度不同。有时落日以后，天空出现两道宽宽的色带，地平线附近是暗红色的，而它的上方是暗蓝色。当污染格外严重时，太阳看上去就像一只暗红的圆盘。在它落到地平线前，它的颜色就会逐渐褪去。城市日落一旦出现暗红色，那便是对我们的警告：今天的空气质量太糟了。

21 为什么冬天易出现重污染天气

冬季雾霾高发，污染物堆积在一起，无法有效扩散，导致污染浓度越来越高，视线越来越差。冬季容易形成雾霾的主要原因有两点。

从人类活动来说，冬季需要进行燃煤供暖，采暖期间的污染物排放强度大大增强，而夏季则不需供暖。就雾霾污染比较严重的京津冀地区而言，根据数据显示，京津冀区域国土面积虽然只占全国的 2%，但 2014 年常住人口占全国的 8%，煤炭消费占全国的 9.2%。在冬季采暖期间，京津冀主要城市的二氧化硫日排放量比年平均水平增加近一倍，$PM_{2.5}$ 增加 50% 左右，氮氧化物和 PM_{10} 增加 20% 左右，挥发性有机物增加 10% 左右。冬季采暖期间京津冀本地污染物排放强度大，是重污染天气高发的根本原因，一旦气象条件不利，就可能形成重污染。

从气象条件来说，冬天易出现重污染天气的原因主要是少雨和空气流动性差。下雨，可以有效冲刷污染物、洗净空气。可是到了冬季，我国雨就下得少了。因为我国夏季盛行从海洋吹向陆地的偏南风，冬季盛行从大陆吹向海洋的偏北风。从海洋来的偏南风温暖、湿润，而且夏季太阳辐射强烈，近地面空气不断受热而上升，上层的冷空气下沉，两者相遇很容易下雨。冬季，从西伯利亚来的偏北风寒冷、干燥，加之太阳辐射弱，空气不易形成剧烈对流，因而很少下雨。这样，秋冬季就变得少雨而干燥，粉尘就很容易长时间飘浮在空气中。加之冬季风小，一般只有冷空气来了才会有西北风。

22 森林——地球之肺

一棵生长50年的树，木材价值只有几千元，但它的生态价值却无可估量。一棵树每年可生产价值十几万元的氧气和一万多元的蛋白质；1公顷阔叶林每天可以吸收1吨二氧化碳，制造730千克氧气；1亩云杉林每年吸收2.1吨灰尘；5万亩森林的含水能力相当于一座100万立方米的水库。森林，通过绿色植物的光合作用，不但能转化太阳能而形成各种各样的有机物，而且靠光合作用吸收大量的二氧化碳和放出氧气，维系了大气中二氧化碳和氧气的平衡，使人类不断地获得新鲜空气。因此，生物学家曾说，“森林是地球之肺”。森林与人类的发展、与自然界的生态平衡息息相关。

森林给予人类的是清洁的生存环境，是绿色宝库。然而，几个世纪以来，人类对森林的大量砍伐已使全球森林资源减少了一半，由此引发生态灾害频频发生。保护森林、挽救森林、扩大森林，已成为保护人类生存环境的迫切任务之一。

湿地——地球之肾 23

湿地是介于水体生态系统和陆地生态系统之间的一种生态系统。湿地包括多种类型，珊瑚礁、滩涂、红树林、湖泊、河流、河口、沼泽、水库、池塘、水稻田等都属于湿地。它们共同的特点是其表面常年或经常覆盖着水或充满了水。

湿地、森林、海洋并称为地球三大生态系统。湿地不仅具有保持水源、净化水质、蓄洪防旱、调节气候和保护海岸等巨大的生态功能，也是生物多样性的富集地区，是世界上最具活力的生态系统，保护了许多珍稀濒危野生动植物物种。因此，人们把湿地称为“地球之肾”、天然水库和天然物种库。此外，湿地所具有的景观和文化价值也为世界文明的延续和发展做出了重要贡献。

我国是世界上湿地类型齐全、数量丰富的国家之一，湿地面积居亚洲第一位、世界第四位，共有滨海、河流、湖泊、沼泽、库塘等湿地 5 类 28 型，截至 2020 年，我国被列入国际重要湿地名录的湿地已达 60 余处。健康的湿地生态系统，是国家生态安全体系的重要组成部分，是实现经济与社会可持续发展的重要基础。进入 21 世纪以来，我国十分重视湿地保护，但我国湿地资源仍然面临着盲目围垦、改造、污染、泥沙淤积等问题。湿地保护的任务还相当艰巨。

24 室内空气污染的来源

（1）室内装饰材料及家具的污染。

这是目前造成室内空气污染的主要方面。油漆、胶合板、刨花板、泡沫填料、内墙涂料、塑料贴面等材料均含有甲醛、苯、甲苯、氯仿等物质，以上物质都具有致癌性。

（2）建筑物自身的污染。

此类污染正在逐步检出，一种是建筑施工中加入了化学物质（如北方冬季施工加入的防冻剂，渗出有毒气体氨气）；另一种是地下土壤和建筑物中石材、地砖、瓷砖中的放射性物质氡。

（3）室外污染物转移到室内。

①地层中固有的，如氡及其子体；②地基在建房前已受到工农业废弃物的污染，而又未得到彻底清理，如某些农药、化工原料、汞等；③质量不合格的生活用水，如淋浴、冷却空调、加湿空气等，可能存在各种致病菌和化学污染物，如军团菌、苯等；④人为带入室内，如将工作服带入室内；⑤从邻近家中传来，如厨房排烟道受堵，下层厨房排出的烟气可随烟道进入上层厨房内。

（4）燃烧产物造成的室内空气污染。

做饭的油烟与吸烟产物"二手烟"是室内空气污染的主要污染来源，其成分极其复杂，目前已经分析出3800多种物质，它们在空气中以气态、气溶胶态存在。其中气态物质占90%，它们中许多物质具有致癌性。

（5）人类的其他室内活动。

人类日常使用的家庭卫生用品，如消毒剂、干洗剂、香水、洗涤剂、蚊香等，可产生二氧化碳、四氯化碳、二氮苯、甲苯、二甲苯等有毒物质；人类使用的家用电器，如冰箱、电脑、电视等，可产生四氯化碳、四氯乙烯、三氯乙烯、乙苯、苯等有毒物质；人类使用的日用品，如化妆品、纸张、纺织纤维等，也有释放甲醛的可能。

（6）人体自身的新陈代谢及各种生活废弃物中的挥发成分也是造成室内空气污染的一个原因。

25 室内空气污染的分类

室内空气污染主要有以下几种形式：第一种是悬浮颗粒物。按粒径大小又可分为总悬浮颗粒物、粒径小于 10 微米的悬浮颗粒物 (PM_{10}) 和粒径小于 2.5 微米的悬浮颗粒物 ($PM_{2.5}$)。做饭和取暖时的室内燃烧，以及人类其他活动也会使室内颗粒物浓度明显增加。第二种室内空气污染物是种类日益增多的化学物质，包括绝大部分传统空气污染物、非传统空气污染物以及其他致癌物质。第三种室内污染是放射性污染，主要是氡及其短寿命衰变子体等。放射性物质对健康的影响主要是使癌症发病率增加。第四种室内污染是生物污染，主要指细菌、病毒、霉菌尘螨、花粉孢子、蟑螂等造成的污染。除此之外，物理因素造成的污染也不可忽视，主要表现为光、噪声、震动、属于非电离辐射的电磁辐射、超声等次声污染。

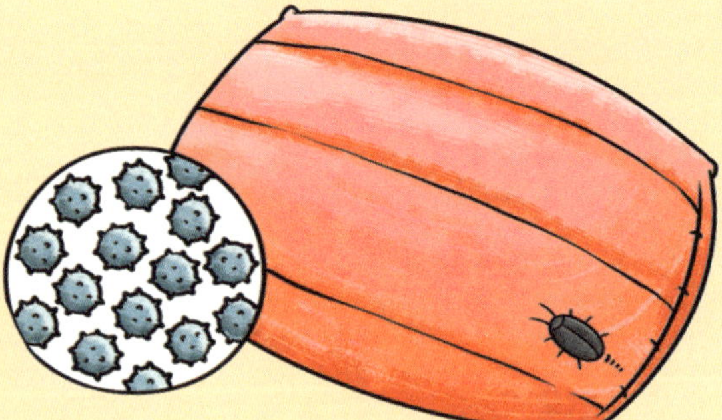

人吸进去的空气到哪儿去了 26

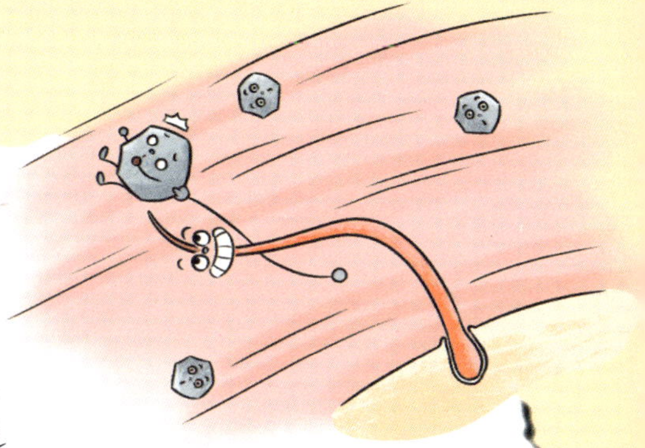

人的生命需要食物提供的能量来维持，食物在人体内转化为能量时需要氧气。所以人就必须时时刻刻吸入空气，空气中含有大量的氧气。鼻子是空气进入人体的第一道关口，鼻腔对空气起到加温和湿润的作用。鼻子内的黏膜和鼻毛可以挡住微粒和灰尘。进入人体内的空气通过肺和体内的二氧化碳进行交换。肺由7亿多个肺泡组成，氧气和二氧化碳的交换就发生在这些肺泡表面。每一个肺泡上面都覆盖着无数的毛细血管，新鲜的氧气通过肺泡内的毛细血管进入血液，与血液中的血红蛋白结合，顺着血管流到心脏，心脏把含有氧气的血液输送到身体的各个组织器官。肺泡则把接收到的二氧化碳“交给”支气管，经呼吸排出体外。

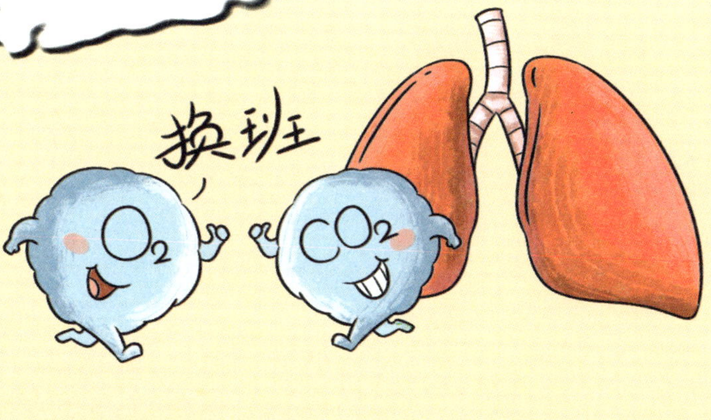

27 空气如何帮助飞行器飞行

所有的飞行器都是利用空气飞行的，在没有空气的条件下，它们都是不能飞行的。

以飞机为例：由于飞机的机翼具有特殊的形状，即机翼上表面的弧度比较大，而其下表面的弧度小，这样，在发动机的推动下，飞机就具有了速度，空气流过机翼时，其上表面的流速大，下表面的流速小，上表面的压力小，下表面的压力大，这就产生了压力差，其机翼压力差的总和就是升力。飞机速度越大，升力就越大，当升力大于飞机的重力时，飞机就腾空起飞了。另外，发动机也是需要空气的，空气与燃油混合燃烧，才能产生推力。所以，离开了空气，飞机就不能飞行了。

热气球飞行原理是根据热空气轻于冷空气而产生升力，通过燃烧器点火、熄火的间隔时间长短调整囊内温度来控制热气球的上升和下降，利用不同高度的风向来控制和调整自己的前进方向，热气球的飞行速度与风速相同。

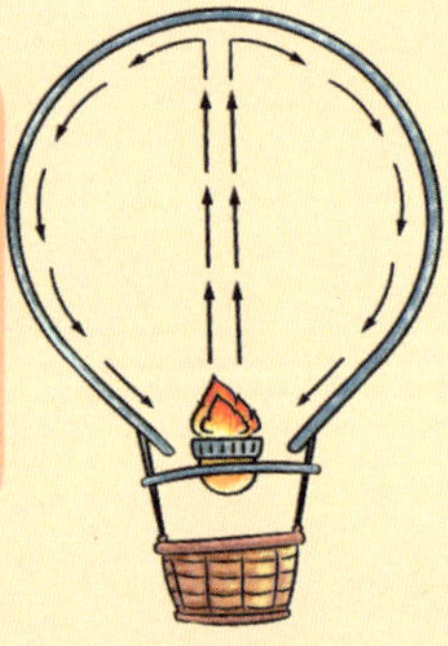

二
感知空气

1 肺是如何工作的

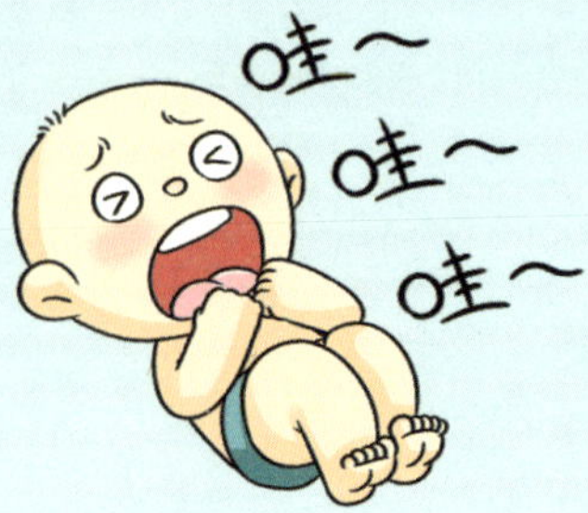

婴儿诞生之时，哇哇啼哭的一声，一个微小、扁塌的肺脏就被吸进的第一口空气灌入，于是肺脏开始工作，拉开了一个新生命的序幕。在人类的胸腔里，肺脏占了很大空间，但是它的实体其实只有约10%，其他的90%都是空气，很像一个气球。人类在安静的状态下，每4~5秒钟就呼吸一次，累计每分钟的空气总量约为10公升，如果把一个成年人的肺泡薄膜平摊开来，可以铺满一整个网球场。“我呼吸故我存在。”当我们自由自在呼吸的时候，肺脏也在全年无休地工作着，一呼一吸之间维系着我们的生命。那我们到底是如何在不经意的情况下，完成这一项关键又复杂的任务呢？就像任何机器一样，呼吸系统有着许多不同的“零件”，这里所说的“零件”就是组成肺的结构与组织。呼吸的本质是将氧气传送到身体的细胞内，同时将细胞工作时产生的二氧化碳“清理”出去。为了使这座“机器”启动，它还需要一个触发点，即自主神经系统的参与。当人们的身体准备好接受饱含氧气的空气时，神经系统会发送一个信号给肺部周边的肌肉，使横膈膜变得扁平并收缩肋间肌，这是为了让肺扩张时有更多的空间。空气“嗖”地进入你的鼻子和嘴中，通过气管进入在气管底部分叉的支气管，两股空气分别流入两边肺中。

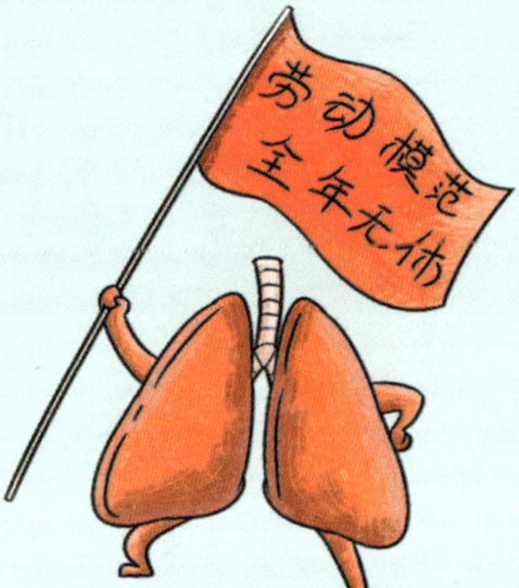

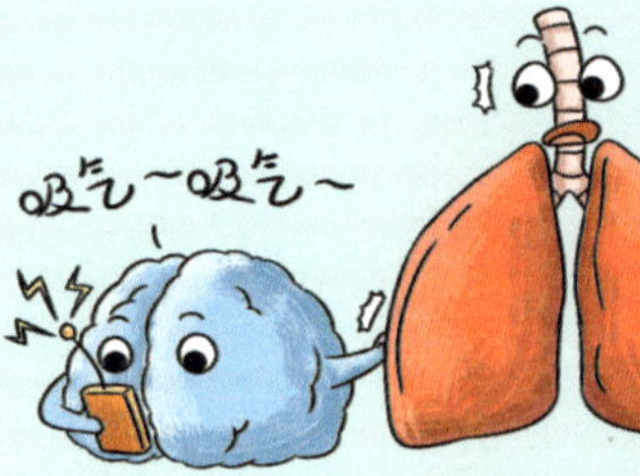

空气如何影响健康 2

世界卫生组织将空气污染确定为世界上最大的环境健康风险之一。我们呼吸的空气给了我们生命。我们要消除所有有害的污染物，确保我们呼吸的空气安全，保障我们健康的生活。

我们倾向于将空气污染描绘成从工厂烟囱排放的“黑云”，或者是城市空气中弥漫的灰霾和浓烟。虽然这些归为污染物是毫无疑问的，但是另外还有一些空气污染是无形的、无味的，甚至可以在你自己家中找到。

不管空气污染的类型如何，都会对人类、动物的健康和环境造成短期和长期的损害。

你呼吸的空气是什么？美国环境保护局（EPA）对发现的6种类型的空气污染物进行监测，并公布了会造成的严重健康问题等。污染物包括一氧化碳、铅、氮氧化物、颗粒物（包括$PM_{2.5}$和PM_{10}）、臭氧和硫化物等。

空气污染来源：几乎在任何地方都可以发现空气污染，包括室外、工作场所甚至家中。虽然所有的空气污染都是有害的，但它对每个人的影响是不同的。暴露于污染的时间和空气中的污染浓度往往决定了造成的损害程度。

3 二氧化硫有什么危害

二氧化硫是一种无色、有强烈刺激性气味的气体，是造成空气污染的主要物质之一。患有心脏病和呼吸道等疾病的人对这种气体最为敏感，即便正常人在二氧化硫浓度过高的环境中待久了也会对身体产生损害。有关研究表明，大气中二氧化硫的浓度每增加 1 倍，人类总死亡率增加 11%。二氧化硫的危害还在于它可以在高空中与水蒸气结合形成酸性降水，对生态环境造成危害。

空气中的二氧化硫大部分来自燃煤及含硫矿石的冶炼及硫酸、磷肥等的生产过程。原油、煤以及铁、铜、铅、锌、铝矿石等许多原料中都含有硫元素。煤和油等含硫元素燃料的燃烧、原油的炼制、金属矿石的冶炼等过程中，燃料、工业原料中的硫与氧结合，生成二氧化硫气体，排放到大气中，造成二氧化硫污染。

二氧化氮有什么危害 4

二氧化氮是氮氧化物的一种，人类活动和自然行为都有可能产生二氧化氮。二氧化氮的自然来源主要是闪电和地面上的微生物生命活动，除自然来源的二氧化氮外，能导致环境污染的部分主要来自燃料的燃烧，城市汽车尾气中也含有较多的二氧化氮。此外，工业生产过程也可产生二氧化氮。据估计，全世界人为污染源每年排出的氮氧化物大约为5300万吨。哥白尼哨兵-5P卫星监测结果显示，全球二氧化氮水平较高的是欧洲大部分地区、北美一些城市和我国东北部分地区。

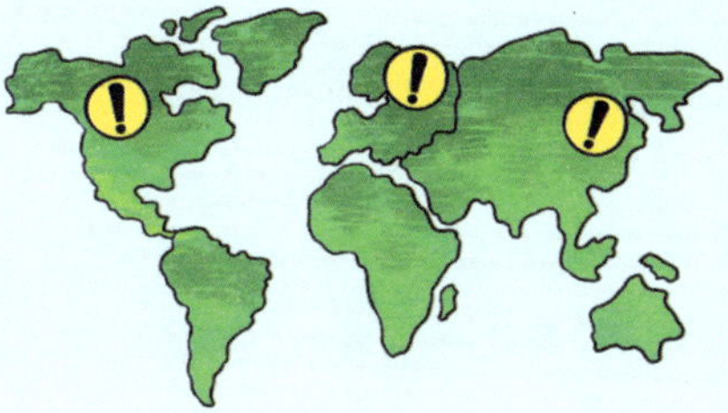

二氧化氮可以在大范围内引起多种环境问题。它是形成光化学烟雾的主要因素之一，也是酸雨的来源之一。二氧化氮被人体吸入后，能够对肺组织产生强烈的刺激作用和腐蚀作用，从而引起肺水肿。呼吸系统有疾患的人如哮喘病患者，较易受二氧化氮的影响。对于儿童来说，二氧化氮可能会造成肺部发育障碍。研究指出，长期吸入二氧化氮会导致肺部构造改变。

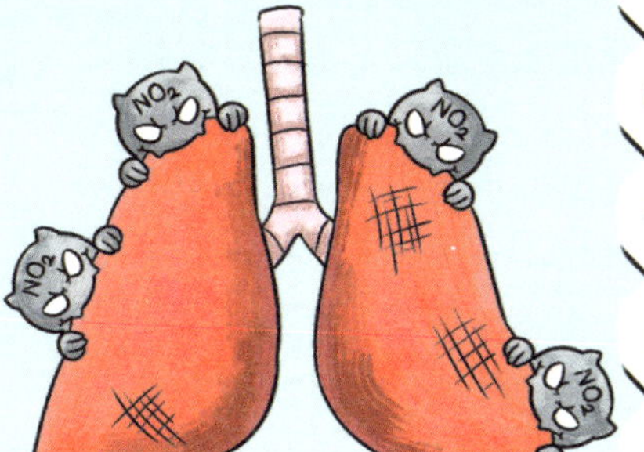

5 颗粒物有什么危害

大气中颗粒物是悬浮在大气中的固体、液体颗粒状物质（或称气溶胶）的总称。由于来源和形成过程不同，它的形状、密度、粒径大小，光、电、磁学等物理性质及化学组成有很大差异。大气中颗粒物的粒径为 0.001~1000 微米，一般粒径大于 50 微米的颗粒物受重力作用会很快沉降到地面，在大气中滞留几分钟到几小时；粒径为 0.1 微米的颗粒不但在大气中滞留时间长，而且迁移距离远。

颗粒物的来源可分为天然来源和人为来源。天然来源有土壤尘、火山灰、森林火灾灰、海盐粒等。人为排放源有化石燃料燃烧产生的煤烟；工业生产、建筑工地产生的粉尘、金属尘、水泥尘等；汽车、飞机排气等。

6 臭氧对人体的影响有哪些

一定浓度的臭氧可消毒，但超标的臭氧则是个无形杀手！

它强烈刺激人的呼吸道，造成咽喉肿痛、胸闷咳嗽，引发支气管炎和肺气肿；臭氧会造成人的神经中毒，头晕头痛、视力下降、记忆力衰退；臭氧会对人体皮肤中的维生素E起到破坏作用，致使人的皮肤起皱、出现黑斑；臭氧还会破坏人体的免疫机能，诱发淋巴细胞染色体病变，加速衰老，致使孕妇生畸形儿；而复印机墨粉发热产生的臭氧及有机废气更是一种强致癌物质，它会引发各类癌症和心血管疾病。

因此，臭氧和有机废气所造成的危害必须引起人们的高度重视。

空气中臭氧浓度在 0.02 毫克 / 米^3 时（这也是许多城市的普通水平），能导致人皮肤刺痒，眼睛、鼻咽、呼吸道受刺激，肺功能受影响，引起咳嗽、气短和胸痛等症状；空气中臭氧水平提高到 0.107 毫克 / 米^3，入院就医人数平均上升 7%~10%。原因就在于，作为强氧化剂，臭氧几乎能与任何生物组织反应。当臭氧被吸入呼吸道时，就会与呼吸道中的细胞、流体和组织快速反应，导致肺功能减弱和组织损伤。对那些患有哮喘病、肺气肿和慢性支气管炎的人来说，臭氧的危害更为明显。

7 空气负离子对健康的影响有哪些

空气负离子在空气中的含量是生态环境优劣的标志之一，在一定浓度下，空气中的负离子对人体具有保健、治疗的功能，负离子作为“空气长寿素”已越来越受到人们的关注。在大气污染日益加剧、大气质量尚未好转的情况下，到森林等负离子浓度高的地方旅游休闲有益于人们的健康。

人类健康离不开新鲜空气。我们呼吸的空气是由氧气、氮气、水蒸气、二氧化碳等多种气体组成的气体混合物，在正常情况下，气体分子不带电（显中性），但在射线、受热及强电场的作用下，空气中的气体分子会失去一些电子，即所谓空气电离。这些失去的电子又会与其他中性分子相结合，而得到电子的气体分子带负电，称为空气负离子，空气负离子具有热电性和压电性，即使在微小的温度和压力变化的情况下，亦能引起负离子之间的电势差，从而使空气进一步发生电离。空气中，多种气体分子“俘获”电子的能力有强有弱，其中氧气和二氧化碳较强，而氧气在空气中占20%多，二氧化碳仅占0.03%。因此空气电离产生的自由电子大部分被氧气获得，形成负氧离子，又称“负离子”。

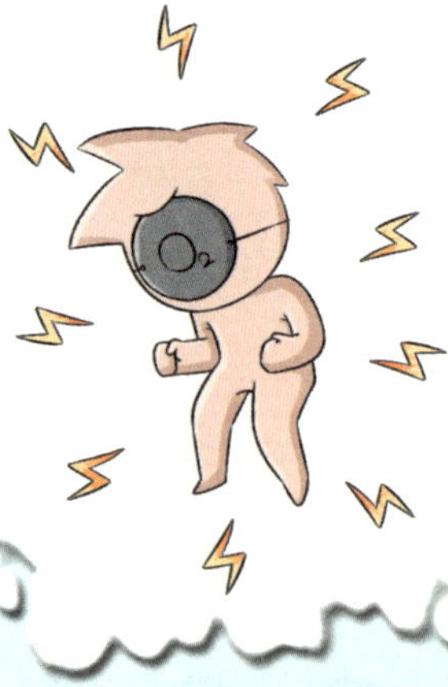

根据大地测量学和地理物理学国际联盟大气联合委员会采用的理论，空气负离子是 $O_2^-(H_2O)_n$，或 $OH^-(H_2O)_n$，或 $CO_4(H_2O)_2$。评价空气的第一指标就是负离子含量，它的浓度与空气的清洁度密切相关。在自然界中，人们虽然看不见负离子，但却可以感受到它的存在。像海滩、森林、高山、湖边等处之所以令人心醉，主要依赖于空气中有较高的负离子。空气中负离子对人的健康非常有益。雷电过后，空气中产生的大量负离子，使野外空气格外清新；海浪频繁的涌动也会产生大量的负离子，被海风带到海边，海边空气也一样会令人心旷神怡。相反，空气中过多的正离子会引起失眠、头疼、心烦、血压升高等反应。例如狂风飞沙之日，在人群密集、空气污浊的场所，空气正离子骤增，给人心烦意乱、头疼疲乏之感。因此负离子浓度的高低与人们的健康息息相关。

人们时刻需要负离子，尤其在污染日益严重的今天，负离子显得更重要。它不仅能使空气格外新鲜，还可以杀菌和消除异味。当空气中负离子的浓度较高时，能抑制多种病菌的繁殖，降低血压和消除疲劳，促进人体的新陈代谢，调节和促进人体的生长发育，因而人们将空气负离子比喻为“空气维生素”和“空气长寿素”。

负氧离子的存在会帮助人体恢复其正常的平衡，即负离子对于人体的生长发育和疾病防治方面具有许多积极作用。

目前采用生态负离子生成芯片技术的专业负氧离子机已经可以生成高浓度的生态级小粒径负氧离子，在室内就可以营造高浓度的负氧离子浴环境。

8 甲醛对人体有什么影响

甲醛含量在 0.2~0.5 毫克 / 米^3 时，就会引发一些病症了，如咽喉炎、结膜炎、哮喘，特别是长期待在甲醛浓度超标的环境里面，症状会更明显。这种情况下，物理除甲醛的方法是没有太大效果的，此时就需要专业的甲醛治理产品，通过化学反应将室内的甲醛彻底清除。

国家卫生健康委员会规定，居室内空气中甲醛卫生标准（最高容许浓度）为 0.08 毫克 / 米^3。根据实际的市场研究发现，室内甲醛的含量控制在 0.01 毫克 / 米^3 以下，对于人体是基本无害的，属于人类可居住的空气范围。

当甲醛含量在 0.5 毫克 / 米^3 以上时，可引起流泪、咽喉疼痛、恶心、呕吐、咳嗽、胸闷、气喘甚至肺气肿。短时间内能够导致胎儿畸形、婴幼儿白血病等。

9 含氧浓度多少最舒适

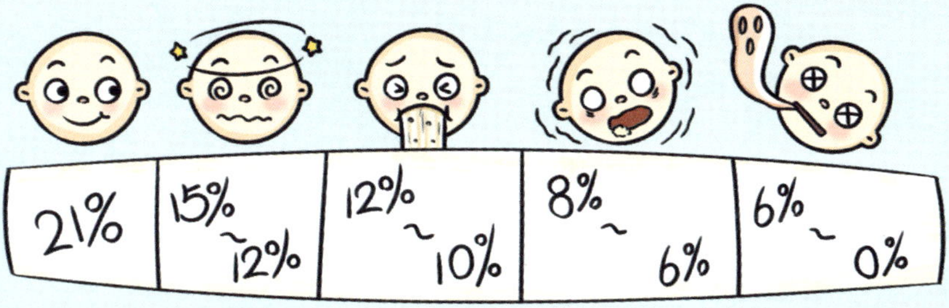

空气中正常含氧量为 21%，氧含量减少时，就会导致人窒息；当氧气含量为 12% ~15%时，人就会呼吸急促、头痛、眩晕、浑身疲劳无力、动作迟钝；当氧气含量为 10% ~12%时，人就会恶心呕吐、无法行动乃至瘫痪；当氧气含量为 6% ~8%时，人便会昏倒并失去知觉；当氧气含量低于 6%时，6~8 分钟的时间内，人就会死亡；当氧气含量为 2% ~3%时，人会在 45 秒内死亡。

吸氧时，氧气的浓度一般是 24%~30%。吸入高浓度的氧气（浓度＞ 70%），且超过 24 小时，或在高压氧环境下超过 5 小时，有可能发生“氧中毒”。“氧中毒”一般发生在长期吸氧的病人中。尽管吸氧能提高人体细胞新陈代谢能力、增强人体免疫力，但长期吸入高浓度氧气也会发生肺泡表面活性物质减少，引发肺泡内渗液，出现肺水肿、头昏、面色苍白、心跳加快等诸多问题。长时间吸入超过 40% 浓度的氧气对人体并不好，有可能产生氧依赖或“氧中毒”。

10 空气污染对电子产品的影响有哪些

空气对电子产品的影响有以下几个方面。

（1）潮湿

设备和工程材料被腐蚀过程中，水往往是主要的腐蚀物质。水是一种电解质，而且能溶解大量的离子，从而引起金属腐蚀；水还可以离解成 H^+ 和 OH^-，pH 的不同对金属的腐蚀具有明显的影响；在一定条件下，水还原的氢原子或氢原子渗入高强度钢和钛合金材料内，促进材料氢脆断裂和应力腐蚀开裂。

产品在大气条件下存放或工作时发生的大气腐蚀，实质上是水膜下的电化学腐蚀。因此，无论潮湿是湿气、蒸汽还是液态水等形式，它总要侵蚀金属和非金属，促进微生物的生长。潮湿是引起电子设备腐蚀的最主要因素。

潮湿环境对电子设备的影响：

①金属氧化或电化学腐蚀会降低机械强度，或因腐蚀、润滑剂变质使活动零部件卡住。

②有机材料吸湿后会降低或丧失机械强度，或膨胀而失去形状稳定性。

③降低绝缘材料电性能和热性能，如介电常数、点火电压、绝缘电阻、损耗角正切值增加等。

④使表面有机涂层化学或电化学破坏。

⑤加速电化学反应。

⑥降低玻璃或塑料光学元件的透射能力。

⑦为微生物的繁殖提供适宜的条件，对玻璃、金属、有机材料产生侵蚀。

⑧可使设备内元器件、印制板、连接器等因密封破坏形成电泄漏路径、降低介电强度和绝缘性能，或造成线路短路、断路。

（2）臭氧

臭氧在常温下为易爆炸气体，有臭味，是已知的最强氧化剂，具有广谱杀菌作用、毒性和腐蚀性，可以损坏多种物品，加速绝缘材料的氧化，降低绝缘性能，导致跳弧、破裂、裂纹、脆化、粒化等现象，造成机械强度下降，影响物品功能。

（3）工业废气

随着工业化的发展，全球大气中含有的有害物质总量是十分惊人的。

受工业废气污染，容易形成酸雨，一般非工业区雨水的pH为6.5，沿海地区为6.9，工业区为4.8，大工业区为4.2或4.0。我国每年因酸雨造成的直接经济损失超过千亿元。在工业废气污染较重的环境中，雨水、云雾、雪、露、霜和灰尘内都带有较高浓度的腐蚀介质，二氧化硫和其他硫酸盐明显加速了金属材料的大气腐蚀，生成硫的氧化物，使金属变色发黑，增加导电接点之间的电阻，甚至引起打火；硝酸盐可以加速金属表面腐蚀等。

（4）有机气体

设备、包装所用的木材、塑料、橡胶、油漆、胶黏剂等非金属材料在不同的时间内，会散发出微量甲酸、乙酸、醛、酚、氨等挥发物，引起金属及镀层的腐蚀。有机气体腐蚀比一般的大气腐蚀要严重得多，在30℃、相对湿度100%条件下，乙酸含量的质量分数大于0.05毫克/米^{3}就能大大加速锌的腐蚀，达到0.05~10毫克/米^{3}时，导致镁、锌严重腐蚀，镍、铜、铝轻微腐蚀。在密闭空间内，还容易形成腐蚀气氛源，黑色及有色金属处于甲醛、甲酸污染的空间内，其腐蚀产物是可溶的，腐蚀能够连续循环进行。

（5）沙尘和尘埃

沙尘是指风将地面尘土、沙粒卷入空中，使空气混浊的天气现象，是影响设备环境适应性的重要因素之一。沙尘问题一般在干热地区常年存在，而在其他地区季节性存在。

尘埃往往在工业地区出现，其中包含有大量焦油产物、灰分及煤烟，风刮起的干燥粉末状沙石，也是尘埃的一部分。

设备暴露在沙尘和尘埃环境中引起的问题有：

①表面磨蚀，机械卡死，轴承损坏。

②渗透入密封结构中，吸附水分，降低材料绝缘性能。

③电路劣化，静电荷增多，产生电噪声。

④活动部件和过滤器阻塞，影响功能，导致电气性能变化。

⑤配合部件受到物理性干扰。

⑥高温下黏土颗粒产生放热效应，放出的热能引起高温腐蚀，产生硬的且有腐蚀性的颗粒，对设备造成影响。

11 为什么露天烧烤都被取缔了

用炭火烧烤的羊肉串味道鲜美，但对周围大气的污染也不容忽视，经常食用烧烤食品还会危害人体健康。

烧烤烟气中除含有一氧化碳、硫氧化物、氮氧化物、总悬浮颗粒物外，还含有强致癌物质苯并 [*a*] 芘。据测定，烧烤区域苯并 [*a*] 芘浓度是国家标准的 3.2 倍，在烧烤摊点排放的烟气中，苯并 [*a*] 芘超标 60~110 倍。苯并 [*a*] 芘是由于脂肪、肉渣、调味品等不完全燃烧产生的，被烟尘吸附后，长期飘浮在大气中，对人体健康构成严重威胁。

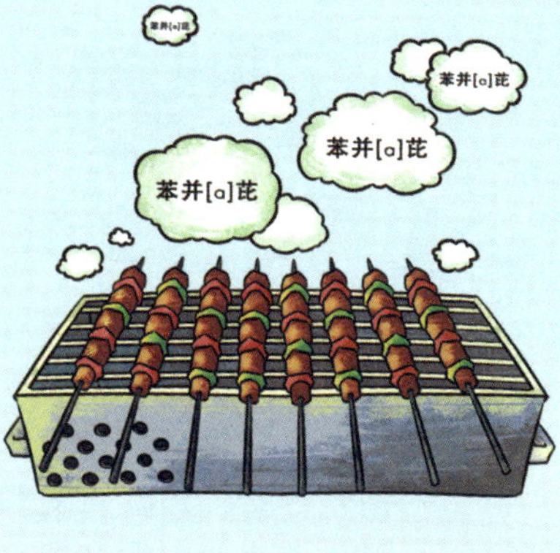

此外，就总悬浮颗粒物而言，露天烧烤摊位的排放浓度也严重超标，并且又是低空排放，致使局地空气污染十分严重。

12 炒菜也会污染空气吗

英国谢菲尔德大学的研究者对住宅空气质量进行了为期4周的检测，其空气样本采自每个受检厨房的内外环境。结果发现，做饭时若使用煤气，厨房内的二氧化氮含量是外面的3倍，远高于室内空气质量推荐值，粉尘（能够吸入肺部的固体微粒）浓度也高于室外空气质量水平。研究负责人维达·夏瑞菲教授说：“人们通常只关注室外的空气质量，然而我们有90%的时间都是待在室内的，却几乎不考虑室内空气是否会被污染。”使用煤气、液化气等能源，会释放出一氧化碳、二氧化碳、氮氧化物等有害气体，但这只是室内污染源之一。

生活中的一些细节，也严重影响到厨房空气环境。中国人饮食多油，偏爱炒菜，然而油及食材在高温下会挥发出许多有害物质，对鼻、眼、咽喉黏膜有强烈的刺激性，可引起鼻炎、咽喉炎、气管炎等呼吸系统疾病，长期吸入这种油烟，还会导致哮喘恶化，从而增加患肺癌的风险。不仅如此，油烟附在皮肤上，会影响皮肤的正常呼吸，久而久之，皮肤就会变得松弛无弹性、布满皱纹、灰暗又粗糙。

13 装修完没有味道就可以入住了吗

很多人对于新装修的房子是否有甲醛的判断标准是：有没有气味。有气味，就有甲醛；没什么气味，那就说明甲醛已经散干净了。

这种认知，是完全错误的！

研究表明，甲醛超标3倍以下时，你是闻不到任何味道的，当你感觉到刺激性时，说明甲醛超标已经很严重了。换句话说，你闻不到气味，以为甲醛已经散完，然后住进去，其实你依然可能住在甲醛超标严重的房间里。所以，不要依据嗅觉来判断甲醛是否超标。

新装修的房子入住前，一定要请专业甲醛检测机构上门检测家里的有害气体含量，如果达标就可以入住了。如果检测出来甲醛超标，一定不能住，得继续通风，如果着急入住，可以请专业的除甲醛公司清除室内甲醛。

14 马桶也会污染空气吗

厕所是我们每天必去的一个地方，而且每天在里面待的时间还不短，大小便、洗澡、洗衣服等，我们差不多都会在厕所里面完成。所以说厕所里面空气质量的好坏，对我们身体也会有些影响。

随着生活水平的提高，很多家庭在厕所都装上了抽水马桶，而且对于老人、小孩来说，上厕所也方便。那么现在大家比较关心的一个话题就是，当我们上完厕所，或者闲置的马桶，盖子到底是该盖上还是打开呢？大家的说法不一，很多人都做错了。其实内行人已经给出了答案，让我们来揭秘一下吧。

科学的做法是这样的，我们在使用完马桶之后，一定要盖上马桶盖，而且闲置的时候，也要这样做，主要原因如下：

①马桶冲水的时候，会有大量的细菌冲出来。

大家应该都知道，当我们用完马桶冲水的时候，有一些水会溅出来，溅在我们的裤子上或鞋子上，这是我们眼睛能看到的。但你要知道，这些水里面含有各种细菌，会影响我们的健康。

②还有就是此时细菌随着马桶冲水跑出来了，会在厕所的空气中传播，就会二次污染我们的牙刷、洗脸毛巾以及日常的生活用品，时间一长，就会影响大家的健康。

③除此之外，我们冲马桶的时候，相信大家还是站在马桶边上，此时我们也在呼吸，细菌冲上来之后，气流会直接被我们吸入鼻腔和口腔中，特别是小孩子，因为身高本来就低，吸入的量是更多的，细菌由此直接进入体内，对身体产生影响。

④当大家冲完马桶出来的时候，因为有一些水沾在我们身上，所以一般都会被我们带到客厅沙发、床上等地方，导致这些地方细菌增多。

以上情况都会直接影响大家的健康，所以不要以为马桶盖不关是小事情，关马桶盖要引起我们注意，当成一件大事情来对待。

15 你还在室内吸烟吗

有调查显示，在一个35米^{2}的房间内吸一支烟，在距离吸烟者3~6米的地方，空气中$PM_{2.5}$的浓度可达到300微克/米^{3}左右。连续吸3支烟，在距离吸烟者1.5米的地方，空气中$PM_{2.5}$浓度达到1700微克/米^3。

更可怕的是，85%的“二手烟”是肉眼看不见的，所以人们往往容易忽略“二手烟”的存在。需要注意的是，即使吸一口“二手烟”，也会对身体造成不可逆的危害。香烟烟雾除了对他人有危害，对吸烟者自身的危害就更不用说了。

那么，设置吸烟室是否可以隔绝烟雾危害呢?

世界卫生组织指出，除了采取100%无烟措施，通风换气和设置吸烟区都无法有效杜绝“二手烟”的危害，而且“二手烟”暴露没有所谓的“安全水平”。建议所有室内工作场所等公共场所必须实现100%禁烟，同时开展公众教育，减少家庭“二手烟”暴露情况。

为什么不能带孩子在路边玩 16

我们提倡宝宝多到户外玩，多晒太阳，但不赞成常抱宝宝到路边玩。马路上车多人多，宝宝爱看，大人也爱看。爸爸妈妈认为，只要把宝宝看好，不碰着宝宝，在路边玩耍很省事。其实，马路两边是污染最严重的地方，对宝宝和大人都有害。汽车排放的废气中含有大量的一氧化碳、碳氢化合物等有害气体，马路上汽车尾气的污染是最严重的；马路上各种汽车鸣笛声、刹车声、发动机声等噪声影响宝宝的听力；马路上的扬尘，会给宝宝带来健康隐患。带宝宝玩耍，要到公园、郊外等空气新鲜的地方。

三
我与空气

戴口罩有什么讲究 1

进入秋冬时节后，雾霾天气更加频繁，尤其北方的空气质量转差。加上天气逐渐变得寒凉，不少朋友外出也喜欢佩戴口罩。这样既可以避免风寒也有利于保护自己的呼吸系统，避免导致呼吸功能下降，还可以预防疾病传播。那么秋冬季戴口罩的注意事项都有哪些？今天就来给大家介绍一下。

（1）戴不戴口罩要“看天”

流感高发季、雾霾天、沙尘天、生病及去医院看病时，都应该戴上口罩。在冬天，免疫力较低的老年人、体弱多病者出门最好戴上口罩。但现实生活中一些怕冷的人，整天戴着大口罩，以为可以防寒，其实这样并不科学。

人的呼吸道，如鼻腔、咽喉、气管表面均覆盖有许多黏膜，黏膜下又有微血管。当鼻子吸进冷空气，经过弯弯曲曲的管道进入肺部时，已接近体温。人体的这种生理功能，通过锻炼得到增强，从而提高耐寒能力。如果健康人整天都戴着口罩，鼻腔及整个呼吸道的黏膜得不到锻炼，稍微受寒，反而容易感冒。

（2）没必要戴专业防护型口罩

国家在 2016 年出台了《日常防护型口罩技术规范》（GB/T 32610—2016），并于 2020 年 3 月 11 日由中国产业用纺织品行业协会发布了《民用卫生口罩》标准，用于民用防护口罩的生产行业。市场上的口罩质量良莠不齐，一定要选择大品牌、有正规产品包装和说明的口罩，如一次性医用外科口罩

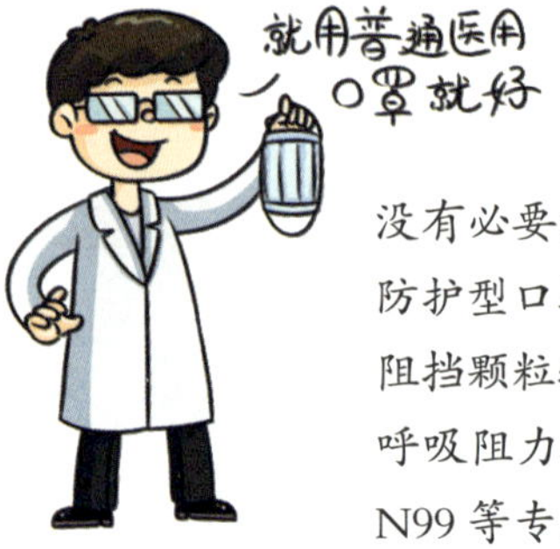

或者 12 层以上纱布口罩。切莫贪图便宜，在没有卫生许可证的地摊上购买口罩。也没有必要为了过滤 $PM_{2.5}$，而选择戴 N95、N99 等专业防护型口罩。从理论上来讲，口罩的防护材料越密闭，阻挡颗粒物的效果越好。从另一个角度说，口罩越密闭，呼吸阻力增大越明显，呼吸起来越费劲。佩戴 N95、N99 等专业防护型口罩是要经过培训的，否则因不科学佩戴容易造成呼吸困难，因缺氧而导致头晕。

（3）不要偏爱彩色口罩

时尚彩色口罩大多采用的是化纤面料，透气性较差，还有化学刺激气味，容易对呼吸道造成伤害，而合格的口罩用纱布和无纺布做成。所以，时尚口罩生产企业的专业性不如医用口罩生产企业那么高，其拦截病菌的能力较差。

（4）口罩不要戴完乱放

戴完乱放、不及时清洗都很不卫生。口罩戴 4~6 小时后就会聚集很多病菌。戴完后应先将口罩折叠好，折叠时将贴近口鼻的那面叠在里面，再将口罩放进干净袋子里，最后再放入包里或者口袋里。棉布口罩每天都要洗，放在阳光下晾晒，不要搭在暖气片上烘烤，不然也会滋生细菌。

（5）不要戴口罩跑步

由于户外运动时对氧的需求量比平时大，而戴口罩可能导致呼吸不畅甚至脏器缺氧，进而产生十分严重的后果。

（6）不要影响视线

戴上口罩后应能罩住口、鼻和眼眶以下的大部分面积，口罩边缘与脸部贴合紧密，但注意不要影响视线。

勤洗手好处多 2

细小的灰尘无孔不入，雾霾天更是严重，雾霾天出门回来之后一定要勤洗脸、勤洗手，尽量选择温水清洗，这样体验更舒适。

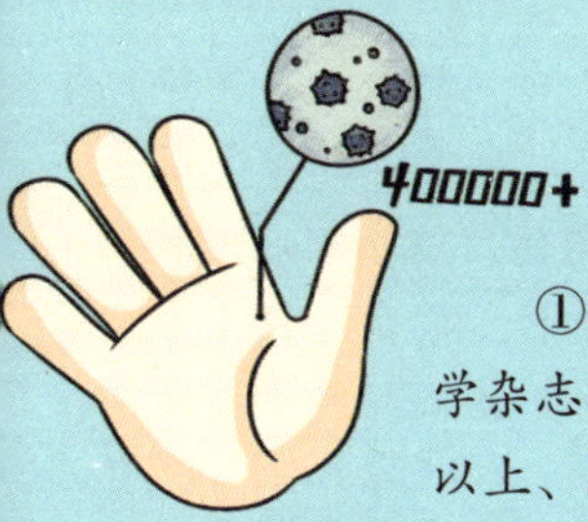

除了雾霾天需要注意勤洗手外，平时也要注意洗手，因为洗手还有很多其他好处。

①每天洗手 10 次有助于预防流感。发表于《英国医学杂志》周刊网站的一项研究结果表明，每天洗手 10 次以上、戴口罩和手套等措施可有效防止流感和其他呼吸系统疾病传播。在日常生活中，我们的双手与各种物品接触的机会最多，被视为病原微生物最直接的传播媒介，人的一只手上大约黏附有 40 多万个细菌。

②洗手的行为能够催生乐观情绪。由德国科隆大学的凯·卡帕斯博士指导的一项研究发现，人们在做事遭遇挫折之后洗手，能够表现出更加乐观的态度。洗手的行为降低了人们在新的测试情境下付出努力证明自己能力的积极性，也给人时间进行心理的缓冲。

③做完决定洗手使人更自信。不少人都遇到过这样的情形：做出某些艰难的抉择后，心头仍有疑虑，不停地找理由说服

自己抉择是无误的，心理学上被称为“认知不协调”。美国密歇根大学心理学者斯派克和诺伯特的洗手实验发现，洗手有助消除迟疑，洗手后，人们不再觉得需要证明自己的决定正确，让人对决定变得自信。

④勤洗手可大幅降低员工病假率。德国格赖夫斯瓦尔德大学研究人员发现，只要工作人员勤洗手就能有效预防传染性疾病的传播，降低员工病假率。研究人员进行了为期一年的健康调查。实验者被分成两组，一组被要求在饭前、便后等情况下每天至少5次用含酒精的洗手液洗手，另外一组则遵循自己日常的卫生习惯。结果发现，勤洗手的一组因腹泻请病假的情况锐减90%；带咳嗽、流鼻涕等症状工作的情况也至少减少了50%。

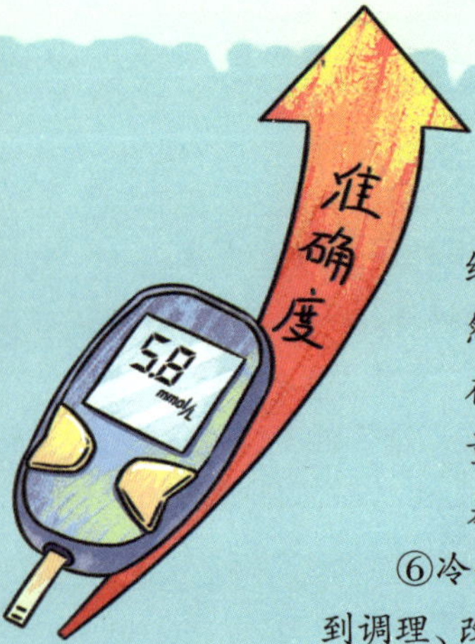

⑤洗手使血糖测量结果更准确。美国糖尿病协会等组织表示，指尖采血之前，应该彻底清洗并擦干双手，然后扎指尖取第一滴血测血糖。与清洁双手测血糖相比，在不洗手的情况下测血糖的患者中，有11%的人血糖测量结果误差至少达到10%，而取第二滴血测量血糖的误差仅为4%。

⑥冷热水交替洗手有助于血管保健。冷热水交替洗手能够起到调理、改善神经兴奋性，推进新陈代谢，促进代谢物排出的作用。似乎是“血管也在做健身操”一样，冷热水交替洗手，水温要适合：可依据习惯和身体状况而定，不要过热或过凉。

⑦宝宝勤洗手，远离手足口。让宝宝爱上洗手，需要爸爸妈妈多提醒、多监督。爸爸妈妈要告诉宝宝，洗完手之后，就会干干净净的，不会生病了。洗手时与孩子一起哼唱洗手儿歌，边唱歌边洗手，一举两得。

洗手歌

湿湿手，擦香皂。
搓手心，搓手背。
冲冲水，洗干净。
甩甩手，擦擦干。
我的小手真干净。

⑧洗手能预防胃病传染。人们通常以为胃病不像呼吸道感染那样容易人传人，其实胃炎的致病菌——幽门螺旋杆菌是一种有极强传染性的细菌。预防幽门螺旋杆菌感染要做到餐前仔细洗手，生吃瓜果时洗净、去皮，这都是很好的卫生习惯。

⑨擦完鼻涕后洗手，能防止交叉感染。鼻炎人群擦完鼻涕要洗手。鼻炎往往由于交叉传染，容易引起其他疾病的出现，鼻炎的分泌物中隐藏了大量的细菌，当鼻炎发病期时，擤鼻涕、打喷嚏、咳嗽之后都要仔细地洗手。

⑩洗手预防红眼病。红眼病主要通过接触传播。比如红眼病患者经常用手揉搓眼，然后又用手摸其他的物体，正常人接触被其摸过的物体后又揉搓自己的眼部，于是被感染红眼病。预防红眼病的主要方法是勤洗手、公共用品勤消毒。如果家里有人已感染红眼病，一旦与其接触，应立即洗手。

3 新风系统有用吗

近两年空气污染逐渐严重，有越来越多的人提高了对空气质量的重视，空气净化器、新风系统等空气净化产品越来越多，可很多人并不知道如何选择。

如何判断你家是否需要新风系统呢？有以下几个标准。

①室外车来车往，一开窗，家里容易进粉尘，而且喇叭“滴滴”声也让人崩溃。

②早上起来第一件事就是开窗通风，保证室内空气新鲜，然而上班之前总是忘记关窗，从而担心家居安全。

③家中有人吸烟，烟味无法彻底散掉。

④花开的季节，空气中的花粉会让敏感人群过敏。

⑤室外 $PM_{2.5}$ 严重超标，空气是无孔不入、无缝不钻的，即使选用密封性好的门窗室内空气质量也会受到污染。

⑥夏季开空调制冷时，为了减少室内冷量流失，都会关闭门窗，导致室内空气不流通，干燥的空气刺激呼吸道黏膜，人长期待在密闭的室内环境里可能出现“空调病”。

如果你的家里出现上述情况，那就很有必要考虑安装一套靠谱的新风系统了。

（1）新风系统的分类

新风系统是将室内空气排出室外，持续地对房子的室内外空气进行24小时不间断循环，以保证室内空气质量的空气交换系统。

①单向流新风系统

单向流新风系统简单来说即“强制排风、自然送风”系统，在系统运行时，新风系统会把室内污浊的空气抽出排到室外，这样室内和室外会产生强大的气压差，室外干净新鲜的空气会被迫输送到室内（室外的空气从专门的通风口进入），从而达到通风换气的作用。

单向流新风系统适合小区域使用，利用滤网过滤单向进风，利用门窗缝隙排风，但其对室内冷暖气损失有一定影响。

②双向流新风系统

与单向流新风系统的自然强制送风相比，双向流新风系统采用的是机械送风。双向流新风机具有独立的排风及送风系统，受污染的空气经排风口、排风管道及排风机排至室外，室外的新鲜空气则通过送风机、送风管道和送风口送入室内。

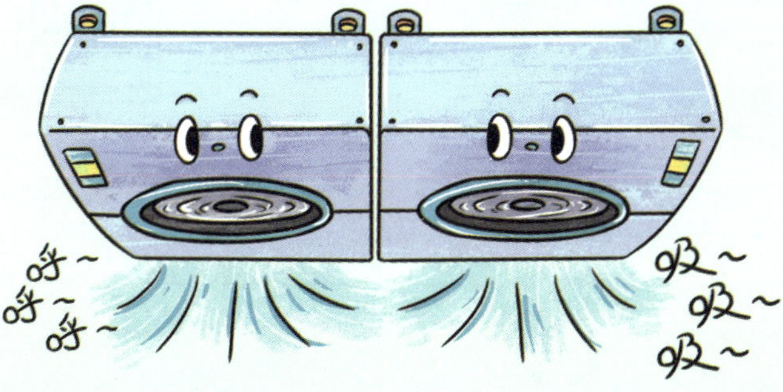

③壁挂式和管道式新风系统

新风系统一般指中央新风系统和无管道新风机，中央新风系统属于管道式新风机。中央新风系统可以照顾到全屋的新风需求，但每一个区域空间都要布管打孔，安装新风机和风管配件。而无管道式的壁挂、立柜式新风机不需要频繁打孔布线，维护较简单经济，但一般只能满足某一空间区域的新风需求。

大空间户型及别墅，正在装修的家庭可以考虑中央新风系统，空气净化效果明显，并且有热交换对室内温湿度进行合理调节，保证夏天进风不热、冬天进风不冷，室内温湿度适宜。

不能安装布管的中央新风系统，可以安装壁挂式或者立柜式新风。安装中央新风系统一般需要吊顶或是地下布管，这些施工操作最好都在装修前进行。不过，装修好的房屋可以选择灵活独立控制的壁挂、立柜式新风机，没有管道布线的麻烦，也能保证良好的净化效果。

（2）新风系统怎么选购

选购新风系统时主要参考风量、过滤效果、噪声和热交换等方面，风量越大换气就越快，换气越快室内空气就越新鲜，但风量越大噪声也越大，建议根据室内空间大小，选择风量足够大且噪声在合理范围内，还能保证达到室内空气质量标准的新风系统。

选择新风系统产品时，不必过分追求“原装进口，国际品牌”，除了看噪声和热交换效率这些基本参数，掌握安装验收的要领，筛选正规的商家和施工团队更重要。

4 空气净化器有用吗

春天柳絮飘扬，夏天细菌滋生，秋季风沙侵袭，冬天雾霾横行，各种空气污染物轮番上阵，一年四季从未停歇。最可恨的是这些污染物还会偷偷溜进室内，导致室内空气质量下降，特别是有小孩、老人的家庭更是遭殃，容易导致他们出现花粉过敏、受病毒侵袭、咳嗽、打喷嚏等症状。

针对以上现状，空气净化器应运而生，成为许多家庭的必备家电。不过仍然有很多人处于观望状态，疑惑空气净化器是否真的有用？

（1）空气净化器的工作原理

随着技术的不断提升，空气净化器的净化效率也在显著提升，其主要通过吸附、产生负离子、催化和光触媒等技术手段净化空气。空气净化器开始工作之后，首先是将污浊的空气吸入机器中，之后再通过多重净化系统对空气进行净化处理，可以针对性地过滤空气中复杂多样的污染物，因此对净化空气是有一定效果的。当然，在使用空气净化器之余，也别忘了平时多打开门窗进行通风，一般午后外界空气污染较少，可以选择这个时候进行一段时间的室内通风。

（2）哪种空气净化器的滤网好？

目前市面上主流的空气净化器是采用多重滤网结合的复合式滤网，主要采用高效空气过滤（HEPA）滤网和活性炭滤网等。其中各个品牌的活性炭滤网差距不大，但HEPA滤网根据等级的不同，净化功效有很大的差距，一般来说HEPA滤网的等级越高，过滤效果越好。

任何产品都是有寿命的，滤网也不例外，为了保证更好的空气净化效果，需要定期更换滤网，而不同的滤网更换周期也有差别。HEPA滤网的寿命一般为3~6个月，在较为严重的室内空气污染情况下，使用寿命甚至更短，需要及时更换。活性炭滤网可定期将其取出，放置在阳光下曝晒，延长使用寿命，一般可使用1~2年。

总而言之，空气净化器的确可以有效净化空气，但在购买过程中要认准高效滤网，净化空气的效果才会更加明显。

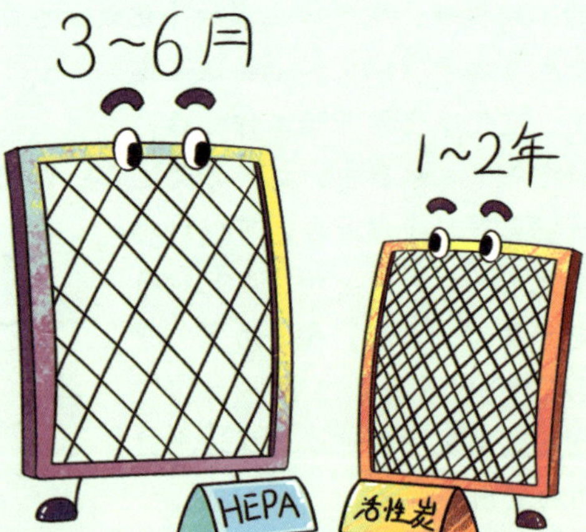

如何增加空气湿度 5

控制好室内温度和湿度，人在室内才会感觉舒适。一般情况下，室温保持在 18~24℃为宜，湿度保持在 50%~60% 为宜。

①利用浴室的温湿水气为居室加湿。冬季洗完热水澡后，浴室水气重，这时候打开浴室门，温湿水气流向其他房间，湿度瞬间增加。

②暖气上加湿毛巾，或下面放盆水。在暖气上搭块湿毛巾，暖气散热时使水分蒸发，也能增加空气湿度。有条件的可以在暖气上放个水槽，效果更好。在暖气下方放一盆水，也可以增加空气的湿度。

③经常开窗通风换气。总的来说，室外的空气湿度相对要高于室内的空气湿度，可定时开窗换气，增加室内空气流动。

6 绿植对净化空气有用吗

家中种几盆盆栽，装饰居室环境，可以让人心情愉悦。绿植的这个作用相信大家也深有感触。但是绿植又是否真的如商家所说，可以净化室内空气，去除室内甲醛污染呢？

无论被称为最理想“强效除甲醛”的常春藤，还是有“绿色净化器”之称的吊兰，都因所谓的专业除甲醛而得到尤其是刚装修完新房的家庭的信赖。对此国家空调设备质量监督检验中心指出，“在一个20平方米的房间内，如果想用绿萝在一天内把甲醛超标3倍或者5倍的室内空气降到标准值，在门窗密闭的条件下，需要摆放数百盆绿萝，而且前提是室内没有继续释放甲醛的污染源。”

由此可见，绿色植物除甲醛虽有一定效果，但是根本达不到理想除甲醛的作用。植物对缓解甲醛的危害是有一定作用的，但由于植物的耐甲醛性小（细胞吸收有限），作用是相当有限的，倒不如开窗通风效果来得好。

罐装空气只是营销吗 7

遇到严重的雾霾天，花钱买一罐来自无污染地区的新鲜空气大口呼吸，你愿意吗？近年来，不少商家在网上售卖罐装新鲜空气，每瓶价格在几十元到几百元不等。当无处不在的空气成了明码标价的商品，不少人表示这很新鲜，但也有人表示这是商家在“博眼球”为自己牟利。

“体验最纯净空气被吸入肺部的感觉，回归大自然，回归最原始的自我。”“它将带你深入大自然，激活你的创意，特别有助于激发创造性思维。”各种样式包装的瓶装空气产品，广告语各有不同，但大都会强调该产品能给人带来清新感受，是对抗雾霾天的“良药”。

这些罐装空气商品的广告宣称，所售空气有来自浙江大盘山的、呼伦贝尔草原的，也有来自外国的，如日本富士山、加拿大落基山脉。从外观上看，与普通的空气清新剂样式差不多，只是罐口处多了一个吸嘴。从使用说明上看，这些罐装空气的使用方法比较简单，打开包装，将喷嘴对准口鼻后轻压喷嘴即可。也有一些高大上的进口产品，附带有呼吸面罩，使用者将包装打开后，按压并吸气，来自异域的“新鲜空气”就能吸入体内了。

“新鲜空气”这种时髦的产品，从其售后评论上可以明显看出，目前还没有人愿意长期购买这种产品，之所以会有这类产品通过各种渠道在售卖，更多的是人们的猎奇心理。

从健康角度来讲，养生要长期身处空气清新的环境才有效，只有人身处没有空气污染的地区才能长期呼吸纯净的空气，靠短时间吸几罐没有污染的空气，对于改善人体健康而言，确实是杯水车薪。出现售卖空气的现象，从另一个角度折射出人们的环保意识在不断提高，但想要营造良好的空气环境，最根本还是全民从自身做起，低碳环保，节能减排。

8 挑选家具时要注意什么

随着人们生活条件和装修观念的变化，家具污染继环境污染、装修污染后，成为导致室内环境污染的第三大来源。家具中最常见的污染物是甲醛。研究显示，经常吸入少量甲醛，会引起慢性中毒，出现黏膜充血、皮肤刺激征，还可能引起慢性呼吸道疾病、月经紊乱，严重的甚至增加患白血病的风险等。因此，学会挑选环保家具，对于减少室内污染非常重要。

总体而言，在挑选时要注意“一选、二闻、三问、四看、五通风”，即：一要选择正规家具市场，挑选知名厂家的品牌家具，大品牌重信用，生产规范及质量相对有保证；二要闻一闻家具是否有刺鼻气味，或是否对眼睛产生刺激，如果味道太重就说明有安全隐患；三要询问商家是否具有产品环保材料检测报告和原材料合格证明，这是判断产品达标不达标的重要方法；四要看人造板材家具是否封边，没有封边家具的端面会释放大量甲醛，不建议购买；五要将买回的家具在通风处放置一段时间再用。具体来说，不同家具在选购过程中有不同的选购侧重点。

沙发看准“CTC认证”。市场上的布艺沙发、皮质沙发表层多是由轻工纺织的化纤、棉麻、人工皮革制成，这类化学性纺织物在工序处理时，会使用甲醛、富马酸二甲酯，以达到防虫、防蛀、防霉的目的。由于沙发制作时需使用大量的胶黏

剂，一定要选择带“CTC认证”（中国建材认证）的。一般沙发底部都有拉链可以打开，可以揭开座位下一角查看，选择框架无糟朽、无虫蛀、无疤痕、不带树皮或硬杂木的沙发。

衣柜选刨花板板材。衣柜所使用的板材多为刨花板和中纤板，品质优秀的板材含有的甲醛量每100克必须小于9毫克。两者相比，刨花板释放的甲醛量更少，相对更环保。在挑选时，要观察衣柜表面是否采用合格的封边处理，尤其是用人造板材制作的衣柜。

儿童床别挑颜色鲜艳的。挑选床垫时注意闻一下床垫是否有异味。在挑选儿童床时，颜色鲜艳的床要谨慎购买。一般来说，颜色越鲜艳，油漆颜料中铅和重金属的含量也就越大，对孩子的健康造成威胁。

窗帘过于防缩抗皱反而不好。购买窗帘时应向商家索要质量说明书并仔细查验，主要看甲醛和偶氮（染料的一种）的含量是否超标，它们都是致癌物，如果超标严重将损害健康。经过防缩、抗皱、耐压、防火等工艺处理的窗帘，更要谨慎购买，因为制作过程中会加入各种染料、助剂和整理剂，剂料中的树脂通常含有甲醛等有害化学物质。购回窗帘后应在清水中充分浸泡、水洗，将其晾挂在室外通风处，以减少织物上残留的有害物质。

地板要警惕全英文标注的。地板除本身含有甲醛外，若安装不规范，黏合剂不达标，也易造成室内甲醛污染。大家选购时尤其要注意看看包装，正规的地板公司，无论进口还是国产，都会采用中文或中英文对照的文字标志。如果是全英文标识，就必须警惕是否是无良商家用来欺骗消费者的幌子。此外，检测报告是反映地板环保指标的最直观依据，大家记得要求商家出示，验证合格再购买。

什么条件下才能通风 9

清晨开窗＝引毒入屋？

很多人习惯于早晚开窗通风，以为这样更换室内空气会促进健康。其实，在这个时间开窗会适得其反。

清晨不宜开窗的原因是，清晨6点左右，污染物的浓度依然很高，而清晨的温度又偏低，气压高，空气中的微小沙尘、有害气体等都被大气压力压到接近地面的地方，很难向高空扩散，只有当太阳升起、温度升高后有害气体才会慢慢散去。

天黑前后，随着气温的降低，灰尘及各种有害气体又开始向地面沉积，也不适宜开窗换气。开窗换气的最佳时间是上午9—10点和下午3—4点。因为这两段时间内气温较高，逆温层现象已消失，沉积在大气底层的有害气体已散去。

10 在厨房做饭需要注意些什么

①少放油、用中火。一般情况下，精制橄榄油发烟点为200℃，色拉油为230℃，而传统的炒菜温度基本都会超过200℃。建议做菜少放油，尽量利用食材本身的油脂来烹调，蔬菜类仅添加少许油即可。尽量使用中小火，不仅容易控制温度，还有利于保留食材原来的风味。需要提醒的是，油量要保证不糊锅，否则不仅对保护环境不利，还会加重污染。可以酌情使用不粘锅，或多使用电磁炉、微波炉等厨具，选择煮、炖等不易产生油烟的烹饪方法。

②烹饪油不要反复使用。在选购食用油时应选择一些质量有保证、杂质少的油，以避免不好的油在烹饪过程中产生更多有毒物质。

③保持厨房通风。炒菜时要打开抽油烟机或使用无油烟锅，烹调结束后，至少开窗通风10分钟。

④选用高燃烧效能灶具。如果通风不好、煤气燃烧不彻底，相当于每天吸两包烟，可导致肺癌、肺炎及其他呼吸道疾病。

11 吃猪血可以清除体内粉尘吗

每当天气灰霾严重时，或者去新装修的场所回来后，有些人喜欢在家里煮一碗浓浓的猪血汤，或再撒一把新鲜益母草，让自己喝下去，认为这样就可以起到清除污染物的作用。

然而，这一说法在医学上没有理论依据支持。猪血等对口腔的灰尘有一定的黏附作用，可以清除呼吸道纤毛、上呼吸道、口腔里的灰尘，但并没有足够的科学依据证明其可清理肺部的“垃圾”。

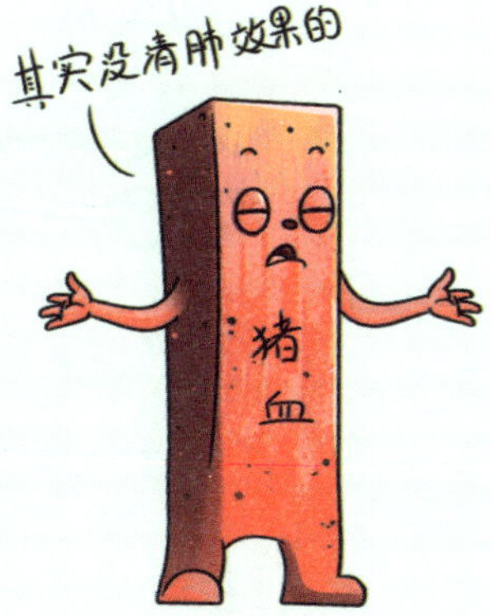

中国人的思维当中，特别喜欢用吃来解决生活中遇到的问题。但是，食物毕竟是从嘴里进去，在小肠吸收，而 $PM_{2.5}$ 是从鼻子里进去，在肺里沉积，这两条路完全不重合。其实，抗霾究竟是拿什么来“抗”？不是某一食物，而是自己整个身体的抵抗力。

12 空气炸锅更健康吗

空气炸锅的具体原理是利用机器内的烘烤装置快速加热空气，在密闭空间内形成循环热流，使食物快速变熟，同时带走食材表面的水分，使其拥有酥脆的口感。

按照空气炸锅的工作原理，与使用普通的锅具相比，在使用空气炸锅烹饪鸡翅、五花肉、鱿鱼等本身就含有脂肪的食物时，可以不用放油。

但空气炸锅离不开 180~200℃ 的高温，且耗时比油锅直接炸的时间还要长一些，长时间的高温加热会造成维生素 B、维生素 C、维生素 E 等的破坏和丢失，从而降低食物的营养价值。此外，食材中的淀粉在 120℃时就可能生成丙烯酰胺，对健康不利；蛋白质和油脂在高温下分别会产生杂环胺和苯并[a] 芘，可能导致细胞基因突变或肿瘤的发生。

你还在用空气清新剂吗 13

液体的空气清新剂一般是用毛毡条或滤纸条等作为挥发载体插入液体芳香剂的容器中，将液体吸上来挥发散香。汽车驾驶室里驾驶台上放的“汽车香水”就是这种产品。其缺点是容器被打翻时液体会洒出来。因此近来又有厂家生产用“微孔陶瓷”做容器，在装入香精后用盖子密封瓶口，香气从容器壁慢慢散发出来。气雾型空气清新剂是目前最受欢迎的，它有许多优点：容易携带、使用方便、快速散香等。

目前市售的空气清新剂有许多种剂型可供选择，若按外观形态区分的话可分为固体、液体、气雾剂三种。

市场上销售的空气清新剂种类很多，传统的空气清新剂都是由乙醚、香精等成分组成，罐装产品中又加入了丙烷、丁烷、二甲醚等化学成分，使用这种空气清新剂只能通过喷发弥散的香气来暂时掩盖室内异味，却不能真正改善空气的质量，因为它的成分不能分解有害气体，难以真正的清新空气。而人体吸入带有某种馨香气体的挥发性溶剂后，很快被吸收并侵入神经系统，使人产生“镇静”感。

据药物依赖专家分析，这种药效与中枢神经镇静剂相近，当嗅者体验到某种感受后，会产生精神依赖。成瘾者往往选择自己喜欢的味道，每日使用，结果引起慢性中毒。像空气清新剂中添加的铅、苯会引起神经炎、神经中枢或外周神经瘫痪，还能导致贫血、肌无力等症状；乙烷类的挥发性溶剂，是再生障碍性贫血、消化不良、血尿、肝肿大的元凶。

空气清新剂最明显的缺陷，是它含有的成分对人体可能带来伤害。目前市场上销售的空气清新剂种类很多，但基本上都是由乙醚、香精等成分组成，这些物质在空气中化学分解之后产生的某些气体成分本身就是空气污染物，这其实加剧了室内空气的污染程度，长期使用会对人体产生不良影响。另外，空气清新剂里含有的芳香剂对人的神经系统还会产生危害，刺激呼吸道黏膜等。空气清新剂还有个缺点就是它并没有分解有害气体，没有净化空气。它的作用是通过散发香气来掩盖异味，而不是与空气中导致异味的气体发生反应，也就是说，空气清新剂的效果并不是清除空气中的有害气体，它只是靠混淆人的嗅觉来“淡化”异味。

14 活性炭可以去甲醛吗

首先说答案：理论上是能的。

虽然活性炭在理论上可以去甲醛，但是，我们购买的几百克的小包装的量是根本不够的。

原因在于，活性炭作为一种比较低级的分子筛，吸附选择性不高，吸附能力也不强。结果除了有害物质，二氧化碳、水蒸气也都是会被吸附的，而且吸附一会就饱和了，没法继续吸附了。

一定注意活性炭是有吸附量的，不能无限吸附。这是解释很多事情的关键。而且不要以为把活性炭放在屋里就万事大吉了。其实甲醛（也包括其他污染物）的释放和吸收是动态平衡的。如果活性炭量一定并且不通风时，甲醛的量最终会稳定在一个值。只有在不断有新的吸收源（补充活性炭）的情况下，甲醛浓度才会下降。

也就是活性炭能有效吸附甲醛的前提是：你要准备大量的活性炭并需要定期更换。

很多人提到把活性炭放柜子里，结果柜子味道还是很大。一种可能是活性炭量不大，一会就饱和了（需更换活性炭）；另一个原因是空气不流动，不能很快达到平衡。

如果屋内甲醛浓度高，那开窗通风无论从成本还是效果分析，都是最合理的选择。

15 你会使用甲醛检测仪吗

甲醛检测仪主要是依靠电化学原理传感器检测空气中的甲醛含量，电化学原理传感器是通过检测一定量的气体扩散，采集一定量的空气样本，然后通过传感器内部的一系列工作分析出空气中气体的成分、含量，再配合检测甲醛所需的酚试剂溶液使用，通过酚试剂溶液发生的色变来直观判断空气中甲醛的含量。这种方法可以直观地检测出我们房间中甲醛的含量，但是也有一定的局限性。一方面是室内空间比较大，而甲醛也并不是均匀分布，所以甲醛检测仪采集的空气样本也并不能准确代表整个室内空气环境。另一方面，甲醛检测仪对检测的环境有一定的要求，温度、气压、空气流速等因素都会或多或少影响到甲醛检测仪的检测结果。此外空气中的其他一些化学成分也可能会对甲醛检测仪造成一定的影响。

在马路上骑行要注意什么 16

在早高峰，骑自行车的人和汽车一起在马路上行驶，非常常见。

但空气污染可能引起心脏不好的人心力衰竭。那么骑自行车的人应该警惕呼吸“有毒”的尾气吗？

去除一氧化碳、臭氧和一氧化氮这些包含在公共汽车、出租车和货车尾气里的气体是一项艰巨的任务。这些可以进入肺部和血液的有毒物质，会对健康造成负面影响。

骑自行车的人本想通过骑行获得健康，可事与愿违。如果骑车非常卖力，他们就会呼吸地更加用力。这本身是一个好的锻炼，但是如果空气质量不好，他们就会吸入更多的污染空气。

使用口罩是减少暴露的有效办法。然而，它依赖于你是否佩戴正确并遵照说明使用。而对于那些肺部本身就有问题的人，这可能会加重他们的呼吸困难。

对骑自行车的人来说，另一个减少暴露在污染空气中的方法是远离柴油动力的公共汽车和货车，选择一条更加僻静的路线。为了降低骑自行车的人暴露在污染空气中的风险，需要在机动车道和非机动车道之间进行“某种形式的分离”。

17 高层住宅选楼层有什么讲究

买房很重要的就是选对楼层，好的楼层能带来好的居住体验。所以说选择好楼层绝对没错。不过一般人选择楼层都是考虑楼层的采光及噪声。至于空气质量，大多人都相信9~14层是扬灰层的说法。但是避开9~14层的楼层真的就能得到好的空气质量吗？

避开低楼层

买房避开低楼层会更好，不论考虑采光还是噪声因素，低楼层都不值得选。至于空气质量，低楼层会面临更多扬灰的情况。灰尘自身有重量，最终都会落在地上，起风、车辆经过、清扫都会让地面的灰尘飞起，飞起的灰尘在飞到一定高度后又会再落回来。这样低楼层可以说是经历了两次灰尘的“洗礼”。再加上低楼层距离花园、水系比较近，霉气、飞虫、落叶等也会更容易影响空气质量。如果是临街的房子，汽车尾气也是一个影响空气质量的重要因素。所以说，要想选择空气质量好的楼层，那就需要避开低楼层。

高楼层空气流通好

相对低楼层的“遮遮掩掩”，高楼层的视野就空旷得多。“高处不胜寒”也是因为有风常在。虽然灰尘会从上到下落下来，但高楼层几乎没有其他楼遮挡，风可以让灰尘消散得更快，保证空气的流通和新鲜。因此，选择高楼层的住宅可以获得更好的通风效果。

其实并不存在扬灰层

扬灰层其实是楼市当中最大的谣言之一。灰尘会停留在9~14层的高度悬浮，看似很有道理，但灰尘是有质量的，最终还是会落在地上。就算有风力和地表热量向上也不至于一年四季就让灰尘停在9~14层。灰尘自主悬浮本身就有悖于科学规律。灰尘无法悬浮，那么其他物质可以吗？雾霾颗粒小于灰尘，可以长时间悬浮于空中。但你们见过悬浮于9~14层的雾霾吗？除了雾霾还有云可以悬浮空中，但是云最低也要悬浮在百米以上的空中。9~14层远远不足百米。其实稍微想想就能发现扬灰层说法的漏洞，全国各地不论地区、不论季节、不论温度都可以让灰尘悬浮在9~14层，可能吗？

那么到底哪一层的空气质量最好呢？

关于楼层的空气质量好坏，其实有不少人做过实验。不同实验方法，结果却都惊人地相似：那就是不论你住在哪一层，其实空气质量都差不多。唯一的区别就是底层的空气污染相对顶层会略严重一些。为什么会这样呢？这主要还是因为当前我们的住宅高度大多都在100米以内，都是大气层的“低层”。100米之于我们的大气层是一个可以忽略不计的数字。空气中的分子自由移动速度很快且没有规律。虽然受到气流影响，但也不会对空气质量产生大的影响。所以说不同楼层的空气质量差别真的不大，仅仅有空气流通的速度的差异。

因此，我们在选房的时候还是应该多关注一些影响采光等方面的因素，毕竟空气质量没什么大的区别。

“高景观”婴儿车可以避免吸入尾气吗 18

“高景观”是现在市面上比较受追捧的一个婴儿推车设计风格。和我们以前常见的那种座椅低矮的婴儿推车不同，“高景观”婴儿推车的座椅高度往往都在一米左右。“高景观”并不是一种特定车型，而是为了把不同座椅高度的推车做区分、衍生出的概念。

“高景观”婴儿推车一直被打上“让宝宝远离汽车尾气”的标签。但我们翻遍国内外文献、报道，并没有找到相关明确结论。

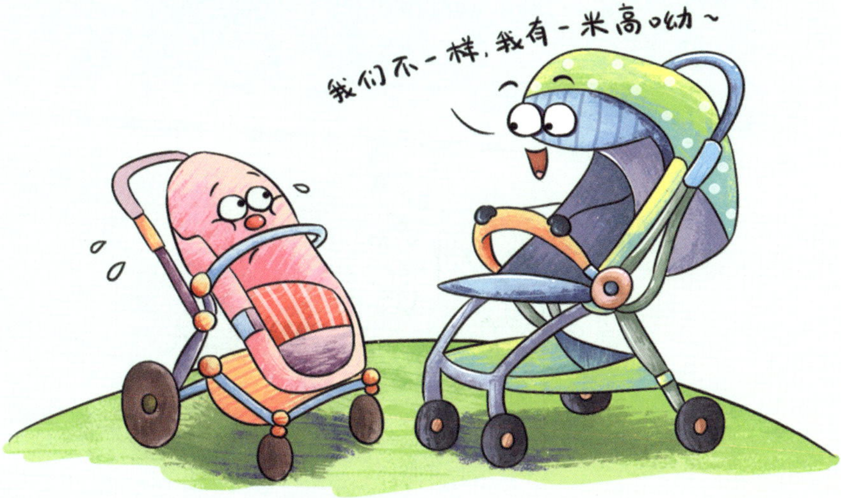

同时，针对大家所说的“汽车尾气聚集在距地面0.5米左右高度”的问题，专家指出，尾气排放高度大概在地面以上0.5米，但风向、风速等外力因素会让尾气快速扩散。

这样看来，站在马路边吸尾气，姚明未必比一米六的人吸得少，更何况是坐高仅相差十几厘米的宝宝呢？

比起指望“超能力”的婴儿车来保护宝宝，给宝宝创造健康无污染的环境更有效。比如，尽量不带宝宝去路边；不在发动的车后停留；空气质量差时减少外出。

19 我可以为清洁空气做些什么

治理大气污染，改善空气质量，不单单是政府的职责，更是全社会的责任。排污企业要真正担负起社会责任，加强环境管理，切实减少污染物排放。要按照“谁污染、谁治理”的原则，加大环境治理力度。推进清洁生产，使用天然气、太阳能等清洁能源，少排放或不排放废气，大力推进节能减排。

此外，公众积极践行绿色生活，倡导绿色消费，对于大气污染治理同样必不可少。

（1）减少烟尘排放

不随意焚烧垃圾、秸秆，不燃烧散煤，不燃放烟花爆竹，抵制露天烧烤。

（2）坚持低碳生活

乘坐公共交通工具出行，或选择步行、骑自行车等绿色出行方式，从而减少碳排放；呼吁节约用纸，倡导无纸化办公。

（3）选择绿色消费

优先购买绿色产品，不使用污染重、能耗大、过度包装产品。

（4）养成节电习惯

养成适度使用空调、关闭不用的电器电源等节约用电的习惯，这样可以减少燃煤，间接减少大气污染物排放。

（5）减少生活垃圾

厉行节约，循环利用物品，减少生活垃圾的产生，从而减少生活垃圾所需的运输、填埋或焚烧需求，降低这些过程中的大气污染物排放。

（6）倡导无烟生活

倡导无烟生活，劝说身边的吸烟人士戒烟，从而减少有害烟雾对大气的污染。

（7）积极参与植树造林

花草树木可以吸尘、抵挡风沙、制造氧气，要积极参与植树造林，增加绿化面积，净化空气。

（8）多吃素食

肉类加工会对大气及水资源造成较重负担，每周少吃几次肉食，多吃素食，既健康又环保。